Johann Heinrich Lambert

Lamberts Photometrie

Johann Heinrich Lambert

Lamberts Photometrie

ISBN/EAN: 9783744682282

Hergestellt in Europa, USA, Kanada, Australien, Japan

Cover: Foto ©ninafisch / pixelio.de

Weitere Bücher finden Sie auf **www.hansebooks.com**

LAMBERT'S
PHOTOMETRIE.

(PHOTOMETRIA SIVE DE MENSURA ET GRADIBUS
LUMINIS, COLORUM ET UMBRAE.)

(1760.)

Deutsch herausgegeben

von

E. Anding.

Drittes Heft:
Theil VI und VII. — Anmerkungen.
Mit 8 Figuren im Text.

LEIPZIG
VERLAG VON WILHELM ENGELMANN
1892.

Sechster Theil.
Theorie der Beleuchtung des Planetensystems.

Kapitel I.
Theorie der Lichtstärke der Mondphasen.

[460] 1035. Die Unregelmässigkeiten würden die Theorie äusserst complicirt machen, wenn man auf alles Einzelne Rücksicht nehmen wollte. Man muss jedoch hierbei ein gewisses Maass innehalten. Man darf nämlich die Berge und Thäler ausser Acht lassen; denn da sie gegenüber der ganzen Oberfläche in einem fast verschwindenden Verhältniss stehen, so haben sie keinen störenden Einfluss auf die Menge Sonnenlichtes, welches auf die ganze Oberfläche des Mondes auffällt. Was ferner die verschiedene Helligkeit der einzelnen Theile betrifft, so kann man hieraus einen Mittelwerth bilden und diesen einfach als die *Albedo des Planeten* bezeichnen.

[461] 1039. Sei nun $AFBG$ der Mond oder ein Planet und C das Centrum desselben; ferner denke man sich durch die Centra der Sonne, der Erde und des Mondes eine Ebene gelegt, und [462] derjenige grösste Kreis, welcher in diese Ebene fällt, sei FDG. Die Centra des Mondes und der Erde mögen durch die Gerade CE, die Centra des Mondes und der Sonne durch CD verbunden sein; die Erde

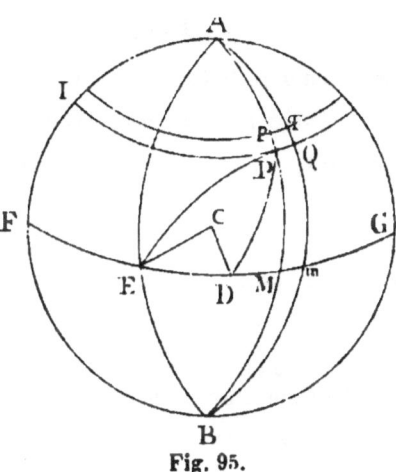

Fig. 95.

stehe also im Zenith des Punktes E, die Sonne im Zenith des Punktes D; befindet sich nun der letztere Punkt in der Mitte des Halbkreises FDG, so wird $FAGB$ diejenige Halbkugel des Mondes sein, welche von der Sonne beschienen wird. Durch die Pole A und B des Kreises FDG denke man die Kreise AEB und ADB gezogen, welche durch die Punkte E und D gehen, ebenso ziehe man zwei beliebige andere Kreise AMB und AmB, welche einander unendlich benachbart sind. Man bestimme nun die mittlere scheinbare Helligkeit des sphärischen Zweiecks $AFBMA$, von der Erde aus gesehen.

1040. Man betrachte das Bogenelement Pp, ziehe um den Pol A die Parallelkreise pq und PQ und bestimme nun die Beleuchtung und die scheinbare Grösse des Elementes $PpqQ$. Setzt man also den Halbmesser des Mondes $CE = 1$ und ferner

$$AP = x \qquad FE = a$$
$$FM = y \qquad EM = y - a,$$

so wird das Element

$$PQqp = dy \sin x\, dx.$$

Die scheinbare Grösse desselben verhält sich aber wie

$$\cos EP = (\cos a \cos y + \sin a \sin y) \sin x,$$

also wird, wenn man diese scheinbare Grösse mit d^2z bezeichnet,

$$d^2z = dx \cdot \sin^2 x (\cos a \cos y\, dy + \sin a \sin y\, dy).$$

Setzt man nun y und dy constant, so folgt

$$dz = \tfrac{1}{2}(x - \tfrac{1}{2} \sin 2x)(\cos a \cos y\, dy + \sin a \sin y\, dy).$$

Hält man sodann x constant und addirt schliesslich die erforderliche Constante, so ergibt sich

$$z = \tfrac{1}{2}(x - \tfrac{1}{2} \sin 2x)[\sin(y - a) + \sin a].$$

Dies ist die scheinbare Grösse des Segmentes IAP.

[463] 1041. Das auf das Element $PQqp$ auffallende Licht nimmt ab mit dem Sinus des Incidenzwinkels und verhält sich also wie $\cos DP = \sin y \sin x$; bezeichnet man demnach den scheinbaren Halbmesser der Sonne, vom Mond aus gesehen, mit s, die Albedo des Mondes mit A (1035, 727), die Helligkeit der Sonne mit 1, so ist die Helligkeit des Elementes $PQqp$
$= A \sin y \sin x \sin^2 s$ (109, 137, 767).

1042. Um aber die Summe der scheinbaren Helligkeiten zu erhalten und den Mittelwerth aus denselben zu bilden, muss man die gefundene Helligkeit multipliciren mit der scheinbaren Grösse d^2z des Elementes. Bezeichnet man also jene Summe mit q, so wird

$$d^2 q = A \sin^2 s \sin^3 x \, dx \, (\cos a \cos y \sin y \, dy + \sin a \sin^2 y \, dy).$$

Integrirt man diesen Ausdruck ebenso wie den früheren, so findet sich für die Summe der Helligkeiten des Stückes IAP:

$$2q = A \sin^2 s \, (\tfrac{2}{3} - \cos x + \tfrac{1}{3} \cos^3 x) \, [y \sin a + \sin y \sin (y - a)].$$

1043. Dehnt man dies auf das ganze Zweieck $AFBMA$ aus, so ist

$$x = 180° = \pi \; ; \quad \sin x = 0 \; ; \quad \cos x = -1,$$

also wird

$$z = \tfrac{1}{2} \pi [\sin (y - a) + \sin a]$$
$$q = \tfrac{2}{3} A \sin^2 s [y \sin a + \sin y \sin (y - a)].$$

1044. Für den Vollmond ist $a = 90°$, also findet man in diesem Fall für ein beliebiges Zweieck

$$z = \tfrac{1}{2} \pi (1 + \cos MG)$$
$$q = \tfrac{2}{3} A \sin^2 s (FM + \sin MG \cos MG).$$

1045. Es bezeichne jetzt der Sector $AFBMA$ die ganze Phase des Mondes; dann wird

$$EM = y - a = 90°$$
$$\sin EM = 1$$
$$FM = a + 90° = a + \tfrac{1}{2} \pi = \pi - ED$$
$$\sin FM = \cos a = \sin ED.$$

[464] Hierbei ist ED die Entfernung des Mondes von der Opposition. Setzt man diese Werthe in die Formeln § 1043 ein, so wird

$$z = \tfrac{1}{2} \pi (1 + \cos ED)$$
$$q = \tfrac{2}{3} A \sin^2 s [\cos ED (\pi - ED) + \sin ED].$$

1046. Die mittlere Helligkeit der ganzen Phase erhält man, wenn man die Summe q der Helligkeiten durch z dividirt. Bezeichnet man also die mittlere Helligkeit mit η, so wird

$$\eta = \frac{q}{z}.$$

1047. Setzt man $\pi - ED = v$, so ist v die Entfernung des Mondes von der Sonne oder von der Conjunction. Setzt man diesen Werth also ein, so erhält man:

$$z = \tfrac{1}{3}\pi(1 - \cos v)$$
$$q = \tfrac{2}{3} A \sin^2 s \,(\sin v - v \cos v)$$

und hieraus

$$\eta = \frac{4 A \sin^2 s\,(\sin v - v \cos v)}{3\pi(1 - \cos v)}.$$

Dies ist also die mittlere scheinbare Helligkeit der Phase. Durch eine leichte Rechnung findet sich

$$\eta = A \sin^2 s \left(\frac{4 \cotg \tfrac{1}{2} v}{3\pi} - \frac{4 v \cotg v \cotg \tfrac{1}{2} v}{3\pi} \right).$$

1048. Für den Vollmond ist $v = 180° = \pi$, $\sin v = 0$, $\cos v = -1$, also

$$\eta = \tfrac{2}{3} A \sin^2 s.$$

Setzt man also die Albedo A des Mondes $= \tfrac{1}{4}$ und den Halbmesser $s = 0° 16'$, so wird

$$\eta = \tfrac{1}{6} \sin^2 16'$$

oder

$$\eta : 1 = 1 : 277000.$$

So viel mal würde also die Helligkeit der Sonne grösser sein als die mittlere Helligkeit des Vollmondes, wenn die Albedo $A = \tfrac{1}{4}$ die richtige wäre. Dieses Ergebniss weicht allerdings nicht sehr ab von demjenigen Verhältniss, welches [465] *Bouguer* durch Versuche gefunden hat und welches derselbe abgerundet im Mittel $= 1 : 300000$ setzt, und ausserdem stimmt es überein mit den Behauptungen von *Smith*, der die Helligkeit des Mondes der mittleren Helligkeit des wolkenlosen Himmels gleichsetzt, für welche oben (914) genau dieselbe Zahl gefunden wurde; indessen ist meiner Ansicht nach die Helligkeit des Mondes geringer. Denn die Albedo $A = \tfrac{1}{4}$, welche wir dem Mond hier beigelegt haben, ist sehr beträchtlich. Man hat früher (754) gesehen, dass die Albedo des Bleiweisses nur $\tfrac{2}{3}$ beträgt, also würde die mittlere Albedo des Mondes grösser sein als die Hälfte dieser Zahl. Bedenkt man nun, dass der Mond viele Flecken zeigt, so müssten die helleren Theile ziemlich dieselbe Albedo haben, wie das Bleiweiss, und dies ist kaum oder gar nicht anzunehmen, wenngleich uns die Beschaffenheit der Mondoberfläche vollständig unbekannt ist. Und obwohl ferner der Werth $A = \frac{1}{4}$ ziemlich mit demjenigen übereinstimmt, welcher im Versuch 29 (757) für ein gelbes Blatt gefunden wurde, so wurde doch bereits (763) der Grund angegeben, warum diese Grösse in diesem Fall beträchtlicher wird. Dieser Grund ist aber auf die Oberfläche des Mondes kaum anwendbar.

1049. Da ich bis jetzt keine Gelegenheit gehabt habe, *Bouguer's* Versuch zu wiederholen, so muss ich den Werth von A hier in Unsicherheit lassen und will nun zu solchen Gegenständen zurückkehren, welche gewisser sind. Da nämlich dieser Werth die Helligkeiten der verschiedenen Phasen in derselben Weise beeinflusst, so kann man dieselben offenbar unabhängig von jenem Werth gegenseitig vergleichen.

1050. Wir bemerken hier ferner, dass $A \sin^2 s$ gleich der Helligkeit des Punktes D ist, also gleich der centralen Helligkeit des [466] Vollmondes, sodass also die Bedeutung dieser Grösse hierdurch klargelegt ist. Setzt man diese Helligkeit gleich der Helligkeit der Erde, wenn dieselbe normal von der Sonne beleuchtet wird — so wie es *Smith* in seiner Entwickelung stillschweigend annimmt — so setzt man hiermit die Albedo des Mondes und der Erde gleich, wozu man keineswegs mit Sicherheit berechtigt ist. Wir setzen diese Helligkeit jetzt $= 1$ und werden mit Hilfe der Formel § 1047 die mittlere Helligkeit der Hauptphasen in dieser Einheit ausdrücken.

Elongation v von ☾ und ☉:	Mittlere scheinbare Helligkeit η der Phase:	Elongation v von ☾ und ☉:	Mittlere scheinbare Helligkeit η der Phase:
0°	0.0000	90°	0.4244
10	0.0494	100	0.4657
20	0.0986	110	0.5048
30	0.1475	120	0.5413
40	0.1959	130	0.5747
50	0.2437	140	0.6043
60	0.2907	150	0.6294
70	0.3366	160	0.6490
80	0.3814	170	0.6619
90	0.4244	180	0.6666

1051. Die Zahlen dieser Tabelle drücken die scheinbare Helligkeit der Phase aus, und die Einheit, auf welche sie sich beziehen, ist die centrale Helligkeit des Vollmondes oder die mittlere scheinbare Helligkeit derjenigen Stelle, auf welche die Sonnenstrahlen senkrecht auffallen. Die Zahlen sind also nicht abhängig von der geocentrischen Entfernung [467] des Mondes (794), dagegen sind sie sehr wohl abhängig von der Entfernung der Sonne, weil wir die Grösse $A \sin^2 s$ als Einheit angenommen haben und weil diese Grösse in mehrfacher Weise variabel ist.

1052. Fasst man nämlich eine bestimmte Phase, z. B. die des Vollmondes ins Auge, so wird die Helligkeit derselben eine jährliche Variation zeigen, da der Mond, ebenso wie die Erde, zur Zeit des Perihels der Erde der Sonne näher ist, als zur Zeit des Aphels. Daher ist dieselbe Mondphase im Winter etwa um ein Dreissigstel heller als im Sommer.

1053. Ferner ist bei gleichbleibender Entfernung zwischen Erde und Sonne die angenommene Einheit zur Zeit des Vollmondes kleiner als zur Zeit des Neumondes, da der Vollmond weiter von der Sonne entfernt ist, als der Neumond. Man nehme an, dass der Mond während der Zeit einer Drehung um seine Axe denselben Weg in seiner Bahn durchläuft, welchen die Erde in ihrer Bahn während der Zeit einer Drehung um ihre Axe beschreibt — was man zwar noch nicht beweisen kann, was aber von der Wahrheit wenig entfernt sein wird. Nun vollzieht sich die Axendrehung des Mondes während der Zeit eines synodischen Umlaufs, diejenige der Erde dagegen während der Zeit eines Tages, also wird die Peripherie der Mondbahn gleich sein dem mittleren täglichen Bogenstück der Erdbahn, und die mittlere Entfernung des Mondes von der Erde wird sich zu der mittleren Entfernung zwischen Erde und Sonne verhalten wie die Zeit eines mittleren natürlichen Tages zur Zeit eines Jahres, also ungefähr wie $1 : 365\frac{1}{4}$. Dieser merkwürdige Satz hängt vielleicht mit der nicht minder merkwürdigen Rotationsbewegung des Mondes zusammen und verdient gewiss, genauer geprüft zu werden.

1054. Es verhält sich also die heliocentrische Distanz des Vollmondes zu derjenigen des Neumondes wie $364\frac{1}{4}$ zu $366\frac{1}{4}$, und da sich die angenommene Einheit umgekehrt verhält, wie das Quadrat der Entfernung von der Sonne, so wird, wenn man diese Einheit [468]

für die Quadraturen $= 1.0000$

setzt, dieselbe

für den Vollmond $= 0.9945$

Photometrie. 9

für den Neumond $= 1.0055$
und für jede beliebige andere Phase $= 1 + 0.0055 \cos v$,
vorausgesetzt, dass man von Kleinigkeiten absehen darf.

1055. Ferner sei die mittlere Entfernung der Erde von der Sonne $= 1$, die Excentricität der Erdbahn $= \varepsilon = 0.017$, die mittlere Anomalie $= \alpha$; dann ist die entsprechende Entfernung nahezu
$$= 1 + \varepsilon \cos \alpha + \varepsilon^2 \sin^2 \alpha$$
oder
$$= 1 + 0{,}017 \cos \alpha + 0.000289 \sin^2 \alpha .$$

Unterdrückt man also wieder die belanglosen Abweichungen, so drückt sich die Einheit, auf welche sich die Zahlen der vorstehenden Tabelle beziehen, für eine beliebige Mondphase und eine beliebige Anomalie der Erde aus durch
$$1 - 0.034 \cos \alpha + 0.0055 \cos v .$$

Mit dieser Grösse muss man also in einem beliebigen gegebenen Fall die aus der vorigen Tabelle entnommene Zahl multipliciren, wenn man die mittlere Helligkeit in derjenigen Einheit ausgedrückt erhalten will, welche gleich ist der centralen Helligkeit des Vollmondes für die Zeit, zu welcher die heliocentrische Entfernung desselben $= 1$ oder gleich der halben grossen Axe der Erdbahn ist.

1056. Nachdem nun die Beziehungen zwischen den Helligkeiten der Mondphasen, ausserhalb der Atmosphäre gesehen, bestimmt worden sind, wollen wir jetzt die Beleuchtung untersuchen, welche hieraus für eine gleichfalls ausserhalb der Atmosphäre befindliche und dem Mond normal zugewandte Ebene hervorgeht. Dieselbe ist jedenfalls von der früheren Helligkeit durchaus verschieden, da sie von der scheinbaren Grösse der Phase und mithin von der geocentrischen Distanz des Mondes abhängig ist, während die scheinbare Helligkeit hiermit nur in einem äusserst geringen Maasse in Zusammenhang steht, welcher mit vollem Recht vernachlässigt wird.

[469] 1057. Wir beginnen mit dem Vollmonde und setzen die Helligkeit der Sonne $= 1$; dann ist, wie man gesehen hat (1047), die mittlere Helligkeit einer beliebigen Phase
$$\eta = \frac{4 A \sin^2 s (\sin v - v \cos v)}{3 \pi (1 - \cos v)}$$

und hieraus ergab sich die mittlere Helligkeit des Vollmondes
$$\eta = \tfrac{2}{3} A \sin^2 s.$$
Sei also der Halbmesser der Sonne, von der Erde aus gesehen, $= S$ und der Halbmesser des Mondes $= \sigma$; ferner habe die Ebene, deren Albedo wir $= 1$ annehmen, die Helligkeit C, wenn sie von der Sonne, und die Helligkeit c, wenn sie vom Vollmond beleuchtet wird. Dann ist (109, 715)
$$C = \sin^2 S$$
$$c = \tfrac{2}{3} A \sin^2 s \sin^2 \sigma,$$
also
$$C : c = \sin^2 S : \tfrac{2}{3} A \sin^2 s \sin^2 \sigma.$$
Ist also die mittlere Albedo A des Mondes gegeben, so findet man hieraus leicht das Verhältniss zwischen den beiden durch die Sonne und den Mond hervorgebrachten Beleuchtungen.

1058. Befindet sich dagegen der Mond ausserhalb der Syzygien, so nimmt die dementsprechende Beleuchtung ab im zusammengesetzten Verhältniss der mittleren scheinbaren Helligkeit und der Flächengrösse der Phase. Das erstere Verhältniss ist
$$= \tfrac{2}{3} A \sin^2 s : \frac{4 A \sin^2 s (\sin v - v \cos v)}{3 \pi (1 - \cos v)},$$
das letztere dagegen
$$= 2\pi : \pi (1 - \cos v).$$
Nun muss sich die durch den Vollmond hervorgebrachte Helligkeit der Ebene
$$c = \tfrac{2}{3} A \sin^2 s \sin^2 \sigma$$
nach Maassgabe dieser beiden Verhältnisse verkleinern, [470] und deshalb wird jetzt
$$c = \frac{2 A \sin^2 s \sin^2 \sigma (\sin v - v \cos v)}{3 \pi}$$
und mithin
$$C : c = \sin^2 S : \frac{2 A \sin^2 s \sin^2 \sigma (\sin v - v \cos v)}{3 \pi}$$
$$c = \frac{2 A \sin^2 s \sin^2 \sigma C (\sin v - v \cos v)}{3 \pi \sin^2 S}.$$

1059. Wählt man also auch hier die Grösse
$$\frac{A \sin^2 s \sin^2 \sigma C}{\sin^2 S}$$

als Einheit, weil sie von dem Phasenwinkel des Mondes unabhängig ist, so wird

$$c = \frac{2(\sin v - v \cos v)}{3\pi}.$$

Hieraus berechnet sich die folgende Tabelle, welche man mit der vorhergehenden vergleichen kann: [471]

Elongation v zwischen ☾ und ☉:	Beleuchtung c einer Ebene durch die Mondphase:	Elongation v zwischen ☾ und ☉:	Beleuchtung c einer Ebene durch die Mondphase:
0°	0.0000	90°	0.2122
10	0.0004	100	0.2733
20	0.0030	110	0.3387
30	0.0099	120	0.4060
40	0.0229	130	0.4720
50	0.0435	140	0.5336
60	0.0727	150	0.5672
70	0.1107	160	0.6294
80	0.1576	170	0.6569
90	0.2122	180	0.6666

1060. Die Zahlen dieser Tabelle verhalten sich zu den entsprechenden Zahlen der vorigen Tabelle wie die Phasenbreite des Mondes zum scheinbaren Durchmesser; also steht weder die Helligkeit noch die Beleuchtung im einfachen Verhältniss der Phase, sondern jene nimmt viel langsamer, die letztere dagegen schneller ab.

1061. Ferner ist die Einheit, auf welche sich die Zahlen dieser Tabelle beziehen, nämlich

$$\frac{A \sin^2 s \cdot \sin^2 \sigma \cdot C}{\sin^2 S}$$

in vierfacher Weise veränderlich. Nun ist aber $C : \sin^2 S$ die Albedo der Ebene, auf welche das Licht der Phase senkrecht auffällt. Bezeichnet man dieselbe mit a, so wird unsere Einheit =

$$A a \sin^2 s \cdot \sin^2 \sigma$$

und ist also noch in zweifacher Weise veränderlich. Um nun beide Variationen auf eine constante Einheit zu beziehen, nehmen wir an, der Mond befinde sich [472] in einer Entfernung von der

Sonne gleich der halben grossen Axe der Erdbahn und zugleich in seiner mittleren Entfernung von der Erde. Dann wird also

$$s = 0^0\ 32'\ 10''$$
$$\sigma = 0\ \ 31\ \ 30\ .$$

1062. Nimmt man nun an, dass die Zahlen der Tabelle sich auf diesen Fall beziehen, so sieht man sofort, in welchem Verhältniss sie in anderen Fällen zu vergrössern oder zu verkleinern sind. So lange nämlich der scheinbare Halbmesser σ des Mondes derselbe bleibt, muss man diese Zahlen mit der Grösse (1055)

$$1 - 0.034 \cos \alpha + 0.0055 \cos v$$

multipliciren, um ihren Werth zu finden, so weit derselbe von der heliocentrischen Entfernung des Mondes abhängig ist. Setzt man dann ferner die mittlere geocentrische Entfernung des Mondes $= 1$ und diejenige für eine beliebige Zeit $= \delta$, so muss man die vorstehenden Zahlen noch dividiren durch δ^2. Hierbei sehen wir natürlich von belanglosen Kleinigkeiten ab; denn wenn man diese in die Rechnung einführen wollte, so müsste man die Halbmesser s und σ für jeden gegebenen Augenblick aus den Mondtafeln entnehmen, um die fragliche Einheit auf das schärfste zu bestimmen. Denn man sieht, dass dieselbe von der Parallaxe des Mondes und mithin von der Höhe desselben über dem Horizont abhängig ist.

1063. In dieser Rechnung wurde absichtlich der Mittelwerth aller partiellen Helligkeiten gesucht. Wegen der unregelmässigen Gestalt der Mondoberfläche treten nämlich alle Einfallswinkel fast überall auf, was nicht stattfinden würde, wenn der Mond, wie wir der Concinnität der Rechnung halber angenommen haben, vollkommen kugelförmig wäre. Bei unserer Auffassungsweise wurden alle Incidenzwinkel an diejenige Stelle der Mondoberfläche übertragen, wo sie in Wirklichkeit stattfinden würden, wenn die angenommene Gestalt die wahre [473] wäre. Auf diese Weise werden also die Abweichungen gewissermaassen compensirt. So fallen beispielsweise beim Vollmond die Sonnenstrahlen auf die Abhänge derjenigen Berge, welche am Rande der Mondscheibe liegen, unter einem weniger schiefen Winkel auf; dagegen treffen sie unter einem schieferen Winkel auf die Abhänge solcher Berge und Thäler, welche nahe beim Centrum der Mondscheibe liegen. Auf diese Weise werden aber die Helligkeiten der Theile des Vollmondes zu einer gegenseitigen Annäherung hinneigen, und hierher kommt es, dass die Mondscheibe zur Zeit des Vollmondes heller erscheint, als sie sein würde, wenn die Oberfläche vollkommen kugelförmig wäre.

1064. Man untersuche jetzt, wie sich die Beleuchtung einer Ebene gestalten würde, wenn der Mond im vorigen Fall vollkommen weiss wäre und wenn er einen vollkommen reflectirenden sphärischen Spiegel darstellen würde. Als Einheit der Helligkeit nehme man die Helligkeit des normal von der Sonne beleuchteten Vollmondes; dann wird die Helligkeit einer Ebene. deren Albedo wir uns als eine vollkommene denken, zur Zeit des Vollmondes sein (1057):

$$c = \tfrac{2}{3} \sin^2 \sigma .$$

Wenn dagegen der Mond ein vollkommen reflectirender Spiegel wäre, so hätte man (671)

$$c' = \tfrac{1}{4} \sin^2 \sigma .$$

Also ist
$$c : c' = \tfrac{2}{3} : \tfrac{1}{4} = 8 : 3 .$$

Mithin verhält sich die Beleuchtung im Fall einer vollkommenen Albedo zu derjenigen, welche durch einen Spiegel entsteht, wie 8 zu 3. Die erstere findet statt, wenn sich der Mond in Opposition befindet. Man hat jedoch früher gesehen, dass die Beleuchtung einer Ebene durch einen Spiegel von der Stellung des Mondes gegenüber der Sonne fast ganz unabhängig ist (654); dagegen ist die Beleuchtung durch den Mond veränderlich, wenn er als dunkeler Körper mit beliebiger Albedo gedacht wird. Wie man aus der Tabelle § 1059 sieht, beträgt dieselbe in [474] den Quadraturen nur noch den dritten Theil, sodass man in diesem Falle hat:

$$c : c' = \tfrac{2}{9} : \tfrac{1}{4} = 8 : 9 .$$

Obwohl also in beiden Fällen dieselbe Strahlenmenge auf den Mond auffällt und dieselbe in ihrem ganzen Betrag reflectirt und zerstreut wird, so folgt doch hieraus, dass die Reflexion, welche durch einen Spiegel erzeugt wird, wesentlich verschieden ist von der Zerstreuung, welche ein Körper mit absoluter Albedo hervorbringt.

1065. Man weiss aus der Erfahrung, dass der dunkele Theil der Mondscheibe, wenn der Mond der Conjunction nahe ist, noch ein zartes Licht zeigt, welches in den astronomischen Fernröhren sichtbar ist. Es unterliegt aber gar keinem Zweifel, dass dieses Licht von der Erde aus auf den Mond reflectirt wird, da dieselbe zu dieser Zeit fast ihren ganzen von der Sonne erleuchteten

Theil dem Monde zuwendet. Jenes Licht scheint nämlich in ungefähr demselben Verhältniss abzunehmen, wie die vom Mond aus sichtbare Phase der Erde. Dieses Licht werden wir nun in folgender Weise rechnerisch bestimmen.

1066. Wegen der sehr grossen Entfernung der Sonne kann man den Phasenwinkel der Erde, vom Mond aus gesehen, betrachten als das Supplement des Phasenwinkels des Mondes, von der Erde aus gesehen. Ferner ist klar, dass die Beleuchtung des Mondes durch die Erde, wenn man von der Erdatmosphäre absieht, durch dieselbe Rechnung gefunden wird, mit Hilfe deren wir vorhin die Beleuchtung der Erde durch den Mond bestimmt haben, vorausgesetzt, dass man die Verschiedenheit der Albedo und des scheinbaren Halbmessers in Rücksicht zieht. Ebenso sieht man leicht, dass die Art, wie das Licht der Erdphase auf den Mond auffällt, dieselbe ist, wie wenn das Licht der Sonne auf den Vollmond auffällt. Wir bestimmen daher zuerst die Helligkeit, welche hierdurch in der Mitte der Mondscheibe entsteht.

[475] 1067. Sei also die Albedo der Erde $= a$, ihr scheinbarer Halbmesser, vom Mond aus gesehen, $= \Sigma$, die Entfernung des Mondes von der Conjunction $= v$, seine Entfernung von der Opposition $= \pi - v$, die Helligkeit im Centrum der Mondscheibe infolge der Beleuchtung durch die Erde $= \varkappa$; dann hat man in der früher gefundenen Formel (1058)

$$c = \frac{2 (\sin v - v \cos v) A \sin^2 s \sin^2 \sigma}{3 \pi}$$

folgende Substitutionen zu machen:

1) statt der Albedo A des Mondes hat man die Albedo a der Erde,

2) statt des Mondhalbmessers σ hat man den Erdhalbmesser Σ zu setzen,

3) da der Phasenwinkel der Erde das Supplement zum Phasenwinkel des Mondes ist, so hat man

    statt v zu setzen $\pi - v$
    » $\sin v$ » $\sin(\pi - v) = \sin v$
    » $+\cos v$ » $-\cos v$,

4) den Halbmesser s der Sonne behalten wir bei, da wir belanglose Kleinigkeiten hier ausser Acht lassen,

Photometrie.

5) da c die Helligkeit einer Ebene von vollkommener Albedo ist (1057), so muss man, um die Helligkeit des Mondes zu erhalten, den vorigen Ausdruck mit der Albedo A des Mondes multipliciren. Hierdurch wird

$$\varkappa = \frac{2}{3\pi} a A \sin^2 s \sin^2 \Sigma [\sin v + (\pi - v) \cos v].$$

Dies ist also die Helligkeit des Mondcentrums infolge der Beleuchtung durch die Erdphase, und dieselbe ist jedenfalls der Maximalwerth, da das Licht hier senkrecht einfällt. Die Einheit der Helligkeit ist bei dieser Rechnung ebenso wie früher (1041 fgde.) die Helligkeit der Sonne.

[476] 1068. Hieraus findet man nun leicht die mittlere Helligkeit des dunkelen Theils der Mondscheibe. Sei $AMBFA$ der dunkele Theil des Mondes, so wird

$$FM = y = \pi - v$$
$$FE = a = \tfrac{1}{2}\pi.$$

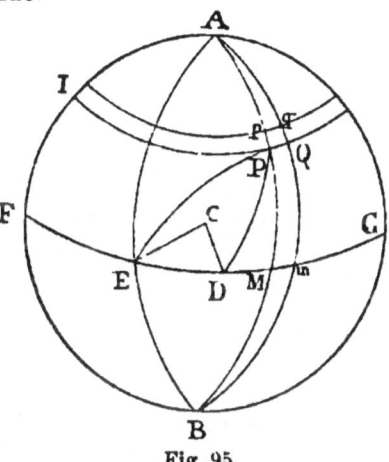

Fig. 95.

Nun wird aber das Zweieck $AMBF$ von der Erde in derselben Weise beleuchtet, wie zur Zeit des Vollmondes von der Sonne; setzt man also in den Formeln (1044), welche für dieses Zweieck gefunden wurden,

$$z = \tfrac{1}{4}\pi(1 + \cos MG)$$
$$q = \tfrac{2}{3} A \sin^2 s (FM + \sin MG \cos MG)$$

statt der normalen Beleuchtung des Mondes, welche durch die Sonne entsteht, diejenige, welche durch die Erdphase entsteht und welche $= \varkappa$ ist (1067), so wird, wie früher (1046), die mittlere Helligkeit des Zweiecks $AMBF$ oder des dunkelen Theiles des Mondes $= q : z$; bezeichnet man diese also mit K, so erhält man:

$$K = \frac{4\varkappa(\pi - v + \sin v \cos v)}{3\pi(1 + \cos v)}$$

oder nach einer leichten Reduction

$$K = \varkappa \left(\frac{4 (\pi - v) \operatorname{tg} \tfrac{1}{2} v}{3 \pi \sin v} + \frac{4 \operatorname{tg} \tfrac{1}{2} v \cos v}{3 \pi} \right).$$

1069. Die folgende Tabelle gibt für die verschiedenen Phasenwinkel vom Neumond an bis zu den Quadraturen die Helligkeit η der Mondphase, die centrale Helligkeit des dunkelen Theiles und die mittlere Helligkeit desselben. [477]

v	$\dfrac{K}{\varkappa}$	$\dfrac{\varkappa}{a A \sin^2 s \sin^2 \Sigma}$	$\dfrac{K}{a A \sin^2 s \sin^2 \Sigma}$	$\dfrac{c}{A \sin^2 s}$
0°	0.6666	0.6666	0.4444	0.0000
10	0.6710	0.6569	0.4408	0.0494
20	0.6877	0.6294	0.4328	0.0986
30	0.6949	0.5872	0.4080	0.1475
40	0.7055	0.5336	0.3765	0.1959
50	0.7134	0.4720	0.3367	0.2437
60	0.7151	0.4060	0.2903	0.2907
70	0.7088	0.3387	0.2401	0.3366
80	0.6930	0.2733	0.1894	0.3814
90	0.6666	0.2122	0.1415	0.4244

1070. Die erste Columne dieser Tabelle enthält die Elongation des Mondes von der Sonne in Graden; die zweite, welche aus der Formel § 1068 abgeleitet wurde, gibt das Verhältniss zwischen der mittleren Helligkeit K des dunkelen Theiles der Mondscheibe und der centralen Helligkeit $\varkappa$ derselben. Die dritte Columne, welche sich aus der Formel § 1067 oder, was auf dasselbe hinauskommt, aus der Tabelle § 1059 berechnet, stellt die Abnahme derselben centralen Helligkeit dar. Die vierte Columne, welche durch Multiplication der Zahlen der zweiten und dritten entsteht, gibt dieselbe Abnahme für die mittlere Helligkeit K. Die fünfte gibt die Helligkeit der Mondphase infolge der Beleuchtung durch die Sonne und wurde aus § 1050 entnommen. Um die Zahlen der drei letzten Columnen auf die nämliche Einheit zu reduciren, ist die dritte und die vierte Columne zu multipliciren mit dem Product aus der Albedo A des Mondes, der Albedo a der Erde und dem Quadrat der Halbmesser s der Sonne und Σ der Erde; die fünfte dagegen ist zu multipliciren mit dem Product aus der Albedo des Mondes [478] und dem Quadrat des Halbmessers der Sonne; dann ist

Photometrie. 17

die fragliche Einheit die Helligkeit der Sonne, ausserhalb der Atmosphäre gesehen. Da sich also die dritte und die vierte Columne in demselben Verhältniss ändern, so sind die Zahlen, welche sie enthalten, auch ohne jene Multiplication mit einander vergleichbar. Man sieht aber aus der zweiten Columne, dass sie nahezu in demselben Verhältniss abnehmen.

1071. Nicht eben so leicht kann man die vierte und die fünfte Columne mit einander vergleichen, da nur die erstere von der mittleren Albedo der Erde abhängig ist. Durch Versuche kann man aber die Sache kaum erledigen. Denn wenn man auch jedes der beiden Augen mit einem Fernrohr bewaffnen wollte, um sodann dasjenige Verhältniss zwischen den Oeffnungen der Objectivlinsen zu bestimmen, bei welchem die Helligkeit der Phase und des dunkelen Theiles einander gleich werden, so würde doch die Oeffnung der einen Linse so klein werden müssen, dass man den Durchmesser kaum mehr genau messen könnte. Dazu kommt die Frage, ob dieselbe Helligkeit auch mit beiden Augen als gleich empfunden wird, was keineswegs zu unterschätzen ist. Da endlich jenes Licht so ausserordentlich schwach ist, so tritt noch eine weitere Schwierigkeit ein: man hat nämlich früher (270) gesehen, dass das Urtheil des Auges um so unsicherer ist, je kleiner die Helligkeiten sind, welche man zu vergleichen hat.

1072. Die Albedo der Erde ist nicht sowohl von der Erdoberfläche selbst, als vielmehr von der Atmosphäre abhängig. Nun wirft die Oberfläche des Wassers nur einen kleinen Theil des Lichts zurück und die Farbe des Meerwassers ist äusserst schwach. Auch die Festländer werfen, wenn man von den mit Schnee bedeckten Gegenden absieht, nur einen kleinen Theil des Lichts zurück (753, 758). Dagegen hat man gesehen, dass die Helligkeit der Atmosphäre beträchtlicher ist (908, 909, 985, 986) und dass dieselbe zur Helligkeit [479] einer Bleiweissfläche, welche von der Sonne bei einer Höhe von 60 Grad normal beleuchtet wird, in dem Verhältniss 2 zu 5 steht (915). Da nun die Albedo des Bleiweisses $= 0.4$ beträgt (755), und da die Sonnenstrahlen bei einer Höhe von 60 Grad auf ihrem Wege durch die Atmosphäre geschwächt werden wie 5 zu 3, so wird sich die Helligkeit einer Ebene von vollkommener Albedo zur mittleren Helligkeit der Atmosphäre verhalten wie $(\frac{5}{3} \cdot \frac{5}{3}) : \frac{2}{5} = 125 : 12$ $= 10\frac{1}{2} : 1$. Die Atmosphäre hat also diejenige Helligkeit, welche eine von den Sonnenstrahlen ausserhalb der Luft normal erleuchtete Ebene, deren Albedo $= \frac{2}{21}$ ist, zeigen würde. Die

Albedo der Erde würde daher, wenn kein anderes Licht von der Erde aus auf den Mond zurückgeworfen würde, $=\frac{1}{10}$ betragen. Wenn man nun annehmen darf, dass dieselbe durch die Oberfläche der Erde um ein Drittel oder ein Viertel vergrössert wird, so wird diese Albedo $\frac{1}{8}$ bis $\frac{1}{7}$ betragen. Auch die Albedo des Mondes wird kaum grösser sein, obwohl *Bouguer's* Versuche einen grösseren Werth zu ergeben scheinen (1048). Uebrigens ist diese Albedo der Erde sehr veränderlich infolge der starken Veränderlichkeit der Atmosphäre (910).

1073. Setzt man jedoch beispielsweise $a = \frac{1}{7}$, $s = 16'$, $\Sigma = 1°$, so wird

$$a \sin^2 \Sigma = 0.00004351235 .$$

Multiplicirt man diese Grösse mit den Zahlen der dritten und vierten Columne der letzten Tabelle, so erhält man leicht die folgende: [480]

v	$\dfrac{\varkappa}{A\sin^2 s}$	$\dfrac{K}{A\sin^2 s}$	$\dfrac{c}{A\sin^2 s}$
0°	0.00002901	0.00001934	0.0000
10	0.00002858	0.00001918	0.0494
20	0.00002739	0.00001903	0.0986
30	0.00002555	0.00001887	0.1475
40	0.00002322	0.00001538	0.1959
50	0.00002054	0.00001465	0.2437
60	0.00001767	0.00001164	0.2907
70	0.00001474	0.00001045	0.3366
80	0.00001189	0.00000824	0.3814
90	0.00000923	0.00000615	0.4244

1074. Die Zahlen dieser Tabelle sind auf die centrale Helligkeit des Vollmondes als Einheit reducirt (1051). Die vierte Columne gibt nämlich die mittlere Helligkeit der Mondphase, die dritte Columne die mittlere Helligkeit des dunkelen Theiles, die zweite die centrale Helligkeit desselben Theiles, und die erste gibt die Entfernung des Mondes von der Conjunction.

1075. **Versuch 34.** Der Tisch *FE* wurde bei Nacht an

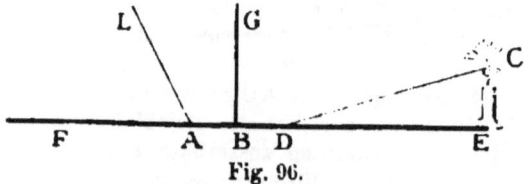

Fig. 96.

ein offenes Fenster gestellt, durch welches das Licht des Vollmondes bei einer Höhe von 63 Grad eindrang. Horizontal auf dem Tisch lag eine weisse Fläche AD, in deren Mitte B eine schwarze Tafel BG so aufgestellt wurde, dass der Schatten von Seiten des Mondes auf den Theil BD, von Seiten einer in C stehenden Kerze auf den vorderen Theil BA fiel; der letztere wurde also allein durch den Mond, jener allein durch die Kerze erleuchtet. Sodann [481] wurde diejenige Stellung der Kerze aufgesucht, bei welcher beide Theile AB und BD gleich hell erschienen, und hierbei ergab sich DE zu 3 Pariser Fuss, CE oder die Höhe des Centrums der Kerzenflamme zu 8 Zoll. Die Kerze war von Unschlitt, und es wurde darauf gesehen, dass sie möglichst gleichmässig hell war, dass die Flamme gestreckt und kegelförmig und dass der Faden gut abgeputzt war. Die Höhe oder die Axenlänge der Flamme betrug 18 Linien und der grösste Durchmesser betrug 3 Linien, welche Zahlen die Mittelwerthe aus mehreren sind. Der Halbmesser des Mondes betrug $33\frac{1}{4}'$.

1076. Es war also
$$CE:DE = 2:9 = 0.22222$$
$$\text{Winkel } CDE = 12°32'$$
$$LAF = 63\ 0\ .$$
Die Fläche der Flamme darf man hier als ein gleichschenkliges Dreieck betrachten, dessen Inhalt $= 27$ Quadratlinien betrug; verwandelt man diese Fläche in einen Kreis, so hat derselbe einen Radius $= 2'''.3$, also ist der scheinbare Halbmesser, in D gesehen, ein Winkel, dessen Tangente
$$= 2.3 : DC = \frac{23}{4425} = 0.0051977,$$
also ist der Halbmesser selbst $= 0°17'53''$.

1077. Sei nun die Helligkeit des Vollmondes $= L$, diejenige der Kerze $= C$; dann ist die Beleuchtung der Ebene AB
$$= L \sin^2 16\tfrac{5}{8}' \sin 63°$$
und die Beleuchtung der Ebene BD
$$= C \sin^2 17'53'' \cdot \sin 12°32'\ .$$
Beide Helligkeiten sind aber gleich, also wird
$$\frac{L}{C} = \frac{\sin^2 17'53'' \cdot \sin 12°32'}{\sin^2 16'37'' \cdot \sin 63°}$$
$$L:C = 1:3.545\ .$$

[482] Nun wird aber das Licht des Mondes durch die Atmosphäre geschwächt ungefähr im Verhältniss 5 : 3, also wird das Verhältniss zwischen der Helligkeit des Vollmondes und der Kerze

$$\tfrac{3}{5} L : C = 1 : 3.545$$

oder

$$L : C = 1 : 2.127 .$$

Demnach ist die Lichtstärke einer Unschlittkerze doppelt so gross als diejenige des Vollmondes. In beiden Fällen handelt es sich um die scheinbare Helligkeit; indessen besteht dabei folgender Unterschied: die Helligkeit des Mondes hängt einfach von der Oberfläche desselben ab, welche das Sonnenlicht zurückwirft, dagegen ist die Flamme der Kerze etwas durchsichtig und daher kommt es, dass nicht nur die Oberfläche, sondern auch die inneren Theile Licht aussenden, wodurch das Licht der Oberfläche beträchtlich vermehrt wird.

1078. Nimmt man in runder Zahl an, dass das Sonnenlicht 500000 mal intensiver sei als das Licht des Vollmondes — was sich von der Wahrheit nicht weit entfernen kann (1072, 1048) — so wird die Intensität des Sonnenlichts 250000 mal so gross sein als die Intensität einer Unschlittkerze.

Kapitel II.
Theorie der Lichtstärke der Hauptplaneten.

1079. Die allgemeinen Bemerkungen des vorigen Capitels über das Licht der Planeten und dessen Modificationen lassen sich ohne Schwierigkeit auf jeden einzelnen anwenden, sobald man die Albedo in allen Fällen gleichsetzt oder als gegeben betrachtet. Wir werden die Sache so behandeln, dass wir die erstere Annahme verfolgen und diejenigen Zahlenwerthe darstellen, [483] welche durch Multiplication mit der Albedo des zugehörigen Planeten sich in die wahren Helligkeiten verwandeln, vorausgesetzt, dass man die Albedo jemals bestimmen kann.

1080. Die Beleuchtung der Erde durch jeden einzelnen Planeten zu bestimmen, würde überflüssig sein, wie schon daraus folgt, dass sogar die Beleuchtung, welche durch die Gesammtheit aller Planeten entsteht, einen Betrag von verschwindender Kleinheit ausmacht. Es wird also genügen, durch dieses eine

Beispiel auf die Kleinheit dieses Betrags hingewiesen zu haben. Dagegen wird man die scheinbare Helligkeit derselben um so ausführlicher behandeln müssen, da alle mit Ausnahme des Saturn in einem Licht erglänzen, welches dem Licht der Fixsterne nicht nachsteht.

1081. Die scheinbare Helligkeit der Planeten ist jedenfalls verschieden, jenachdem man dieselben mit dem blossen Auge oder durch ein astronomisches Fernrohr betrachtet. Im ersteren Fall hängt die Helligkeit des Planeten nicht nur von der Oeffnung der Pupille ab, sondern sie wird auch um so schwächer, je mehr das Auge myopisch ist (1038). Im letzteren Fall dagegen vermag man die einzelnen Theile der Planetenoberfläche zu übersehen und die Lichtmenge, welche durch die Theilchen der Luft infolge der Beugung und durch andere Ursachen zerstreut wird, hat einen kleineren Betrag, und ausserdem lässt das Fernrohr sich jedem einzelnen Auge anpassen; daher verschwinden jene vom Auge abhängigen Anomalien fast vollständig, und wenn man also jeden Planeten mit demselben Fernrohr betrachtet, so kann man seine Helligkeit durch die Rechnung genau ebenso bestimmen, wie im vorigen Capitel die scheinbare Helligkeit des Mondes bestimmt wurde.

1082. Um also mit dieser Berechnung zu beginnen, machen wir, wie früher (1051), die Bemerkung, dass die scheinbare Helligkeit eines Planeten in diesem Fall von seiner Distanz unabhängig ist. Sie ist dagegen sehr [484] wohl abhängig von seiner heliocentrischen Entfernung und von der Stellung der Erde, insofern nämlich, als die Planeten, besonders die unteren, die Gestalt solcher Phasen zeigen, wie der Mond sie zeigt.

1083. Die Dichtigkeit des Sonnenlichts, wenn es normal auf die Oberflächen der Planeten auffällt, verhält sich umgekehrt wie das Quadrat der Entfernung (115, 117), und ebenso verhält sich auch die centrale Helligkeit zur Zeit der Opposition.

1084. Ferner ist in eben diesem Fall, wenn also der Planet in der ganzen Ausdehnung seiner Scheibe leuchtet, die mittlere Helligkeit der ganzen Scheibe $= \frac{2}{3}$ der centralen Helligkeit (1048), und die mittlere scheinbare Helligkeit bei anderen Phasenwinkeln nimmt in demselben Verhältniss ab, wie die Zahlen der Tabelle § 1050. Hat man also die centrale Helligkeit eines Planeten für den Fall bestimmt, dass derselbe in Opposition steht, so findet man durch eine leichte Rechnung die mittlere Helligkeit jeder Phase, indem man die erstere einfach mit derjenigen Zahl jener Tabelle, welche der betreffenden Phase entspricht, multiplicirt.

1085. Sei also die centrale Helligkeit der Erde, in diesem Sinn genommen, $= 1$, ihre mittlere Helligkeit also $= \frac{2}{3}$, und entnimmt man die grössten, mittleren und kleinsten Entfernungen der Planeten aus den Tafeln von *Lahire*, so berechnet man ohne Schwierigkeit die folgende Tabelle: [485]

Planet:	Scheinbare centrale Helligkeit bei der Opposition		
	grösste:	mittlere:	kleinste:
♄	0.0120	0.0110	0.0099
♃	0.0408	0.0370	0.0334
♂	0.5234	0.4307	0.3608
☉	1.0134	1.0000	0.9672
♀	1.9396	1.9113	1.8856
☿	10.5760	6.6735	4.5560

1086. Wenn man also die Zahlen dieser Tabelle mit den Zahlen der Tabelle § 1050 multiplicirt, so ergibt sich hinsichtlich der Phase des Planeten die mittlere Helligkeit desselben, dagegen hinsichtlich der heliocentrischen Entfernung die grösste, mittlere und kleinste Helligkeit.

1087. Die unteren Planeten bieten den Bewohnern der Erde den Anblick aller Phasengestalten, welche der Mond zeigt. Sei S die Sonne, T die Erde und PCQ ein unterer Planet. Man verbinde die Centra S, T und C durch die Geraden ST, TC und CS und ziehe die Normalen QP und KL, dann wird QNP der beleuchtete Theil der Planetenoberfläche sein, den wir als Halbkugel betrachten, obwohl er etwas grösser ist. KML ist die der Erde zugewandte Halbkugel und mithin ist KNP die von der Erde aus sichtbare Phase, M das Centrum der Kreisscheibe und PL der dunkele Theil. Da nun die Bögen $QN = NP = KM = ML = 90°$

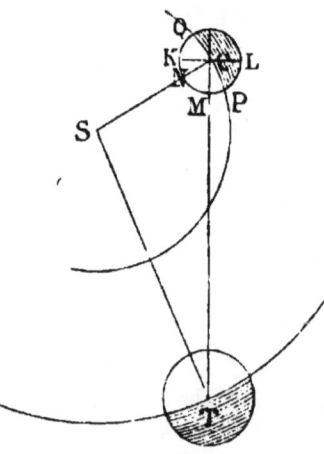

Fig. 96*.

sind, so wird $PL = MN$, $PCL = SCT$ und $KCP = CST + STC$. Der Bogen KNP ist aber derjenige, welcher früher (1047) mit v bezeichnet wurde, also wird

$$v = CST + STC = 180^\circ - SCT$$

oder gleich der Summe aus der geocentrischen Elongation des Planeten von der Sonne und der heliocentrischen Elongation des Planeten von der Erde. [486] Bezeichnet man ferner den scheinbaren Halbmesser der Sonne, vom Planeten aus gesehen, mit s, die mittlere Albedo des Planeten mit A und die mittlere Helligkeit der Phase mit η, so wird (§ cit.)

$$\eta = \frac{4 A \sin^2 s (\sin v - v \cos v)}{3\pi (1 - \cos v)}.$$

1088. Die oberen Planeten dagegen zeigen uns nicht den Anblick aller Phasen. Ist nämlich C die Erde und T ein oberer Planet, so beweist man auf dieselbe Art, dass der Winkel STC dem fehlenden Stück der Phase entspricht. Dieser Winkel beträgt im Fall seines Maximums für Mars niemals mehr als 50 Grad, für Jupiter 12 Grad, für Saturn $6\frac{1}{4}$ Grad. Die Bewohner der Erde werden also nur den Mars in deutlicher Phasengestalt sehen können, während Jupiter und Saturn immer in einer nahezu vollen Kreisscheibe zu leuchten scheinen.

1089. Daher ist die Helligkeit der Phase, wenn dieselbe ihre kleinste Grösse hat, nur sehr wenig vermindert. Bei gleichbleibender Entfernung des Planeten von der Sonne wird nämlich das Verhältniss zwischen den Helligkeiten der vollen und der kleinsten Phase

für ♄ $= 1 : 0.998$

„ ♃ $= 1 : 0.990$,

dagegen

für ♂ $= 1 : 0.862$.

1090. Die Grösse der kleinsten Phase hängt vom Winkel STC ab, und man würde denselben leicht bestimmen können, wenn beide Planeten sich in concentrischen Kreisen bewegten. Dann würde nämlich TC die Tangente des Kreises in C sein, und mithin wäre $SC : ST$ der Sinus des Winkels STC, wenn letzterer ein Maximum ist. Die Sachlage ändert sich aber, wenn sich die Planeten in Ellipsen bewegen, welche hinsichtlich ihrer Lage und Dimension in mehr als einer Hinsicht verschieden sind. [487] Hierdurch wird die Lösung des folgenden Problems sehr verwickelt: *die grösste Elongation eines unteren Planeten von der Sonne, von einem oberen Planeten aus gesehen, zu bestimmen, oder das Maximum des Winkels STC zu finden.* Da die Lösung dieser Aufgabe, so viel ich weiss, von anderen weder durchgeführt noch versucht worden ist, so will ich dasjenige mittheilen, was sich mir bei der Behandlung derselben dargeboten hat, obzwar ich nicht zum Ziel zu gelangen vermocht habe.

. . . .

[499] 1126. Die Helligkeit eines Planeten, mit dem blossen Auge betrachtet, verhält sich direct wie die in das Auge eindringende Lichtmenge und umgekehrt wie der Flächeninhalt des wahrgenommenen Bildes. Nimmt man die Oeffnung der Pupille als constant an, so ist diese Lichtmenge proportional der normalen Beleuchtung und wird sich mithin verhalten

1) umgekehrt wie das Quadrat der Entfernung des Planeten von der Sonne, oder direct wie das Quadrat des Sinus des scheinbaren Halbmessers der Sonne, vom Planeten aus gesehen, mithin so, wie die Zahlen der Tabelle § 1085.

2) direct wie das Quadrat des Sinus des scheinbaren Halbmessers des Planeten, von der Erde aus gesehen.

3) so, wie die mittlere Helligkeit der Phase sich verhält zur centralen Helligkeit des Planeten bei der Opposition, mithin so, wie die Zahlen der Tabelle § 1050.

4) umgekehrt wie sich der Flächeninhalt der ganzen Scheibe zum scheinbaren Flächeninhalt der Phase verhält.

5) endlich wie die mittlere Albedo des Planeten.

1127. Auf diese Weise ergibt sich also die Helligkeit, welche einer beliebigen Stellung des Planeten entspricht. Man suche z. B. die Beziehungen zwischen den oberen Planeten, wenn sie sich in Opposition und zugleich in der mittleren Entfernung sowohl von der Erde wie von der Sonne befinden. Hierbei sei (1085)

für	die centrale Helligkeit:	der scheinbare Durchmesser:
♄	0.0110	18″
♃	0.0370	46
♂	0.4307	30

[**500**] Dann wird sich die Beleuchtung verhalten wie das Product aus der centralen Helligkeit und dem Quadrat des scheinbaren Durchmessers, und mithin wie die folgenden Zahlen

♄	3.56
♃	78.19
♂	387.63

oder ungefähr wie 1 : 22 : 108.

1128. Ebenso wird für Venus und Mercur, wenn sie gerade halberleuchtet erscheinen,

	die centrale Helligkeit:	der scheinbare Durchmesser:
♀	1.9113	30″
☿	6.6735	9

Multiplicirt man dann die centrale Helligkeit mit dem Quadrat des Durchmessers und verkleinert das Product in dem Verhältniss 6666 : 4244 (1050), so werden sich die Beleuchtungen verhalten wie die folgenden Zahlen

♀	1095.06
☿	344.11

Demnach verhalten sich die Beleuchtungen der oberen Planeten bei der Opposition und der unteren Planeten bei halber Beleuchtung wie die Zahlen

♄	1
♃	22
♂	108
♀	307
☿	97

1129. Diese Grössen sind noch von der Albedo der einzelnen Planeten abhängig und werden sich also von der Wahrheit nicht weit entfernen, wenn es gestattet ist, die Albedo als nahezu gleich anzunehmen. Macht man diese Annahme, so werden obige Zahlen das Verhältniss ausdrücken zwischen der Helligkeit des Bildes im Auge (1108, 1117) und der Strahlenmenge, welche durch die Oeffnung der Pupille auf die Netzhaut auffällt, [**501**] und sie werden übergehen in die wahre Helligkeit des mit blossem Auge gesehenen Planeten, wenn man sie durch den Flächeninhalt des wahrgenommenen Bildes jedes einzelnen Planeten dividirt.

1130. Da dieser Flächeninhalt für jeden einzelnen Planeten verschieden ist, so folgt leicht, dass ihre Helligkeiten, mit dem blossen Auge gesehen, sich nicht verhalten können wie diese Zahlen, sondern der gegenseitigen Gleichheit näher kommen. Nimmt man z. B. für die scheinbaren Durchmesser der Planeten diejenigen Werthe, welche die älteren Astronomen gegeben haben, so wird nach dem System des *Tycho de Brahe* für den gegenwärtigen Fall

	Durchmesser der Bahn:	Wahrer Durchmesser des Planeten:	Scheinbarer Durchmesser:	Helligkeit:
♄	$9\frac{1}{2}$	$\frac{8}{15}$	$2'$	1
♃	$3\frac{1}{3}$	$\frac{7}{15}$	6	$2\frac{1}{4}$
♂	$1\frac{1}{3}$	$\frac{4}{49}$	$4\frac{1}{3}$	23
☉	1	1	32	—
♀	$\frac{3}{4}$	$\frac{2}{19}$	5	50
☿	$\frac{1}{2}$	$\frac{1}{130}$	$2\frac{2}{3}$	54

1131. Wenn auch diese Helligkeiten sich von der gegenseitigen Gleichheit nicht so weit entfernen wie die Beleuchtungen, so kommen sie doch den wahren Helligkeiten keineswegs nahe. Es scheint, dass man den Durchmesser des *Jupiter* und der *Venus* verkleinern muss, um die Helligkeit beider zu vergrössern. Da sich aber hier kaum etwas genaues festsetzen lässt, so will ich die Sache auf eine andere Weise versuchen.

1132. Man darf mit Sicherheit annehmen, dass ein Planet um so rascher aus den Sonnenstrahlen hervortaucht, je heller er ist. Seine Helligkeit wächst also, wenn der Bogen der Sichtbarkeit (arcus visionis) kleiner wird. Nimmt man nun hierfür diejenigen Winkel, welche *Ptolemaeus*, [502] *Kepler* und *Riccioli* mitgetheilt haben, so werden die Planeten hinsichtlich ihrer Helligkeit die nachstehende Ordnung befolgen:

Planet:	Winkel der Sichtbarkeit:
♀	5° 0′
☿	10 0
♃	10 0
♄	11 0
♂	11 30

1133. Hinsichtlich der Beleuchtung werden sie ungefähr ebendieselbe Ordnung befolgen. Denn sie befinden sich in diesem

Fall nahezu in Conjunction und sind der Reihe nach von der Sonne weiter entfernt. Daher wird

	Beleuchtung:	Scheinbarer Durchmesser:
♀	77	12″
☿	67	6
♃	15	31
♄	1	15
♂	7	6

1134. Diese Reihenfolge wird nur durch Saturn gestört, welcher eigentlich der letzte sein sollte. Einigen Einfluss hat der scheinbare Halbmesser und die röthliche Färbung des Mars, welcher aus eben diesem Grunde dunkeler erscheint als Jupiter, wenn sich beide in der kleinsten Entfernung von der Erde befinden. Uebrigens ist wohl zu beachten, dass der Bogen der Sichtbarkeit zu verschiedenen Jahreszeiten nothwendig verschieden ist, wenn man auch die Constitution der Atmosphäre als vollständig constant ansieht. Denn jedenfalls ist er von der Elongation des Planeten von der Sonne abhängig. Dies kann man auf folgende Weise zeigen.

. . . .

Kapitel III.

Ueber das Licht der Fixsterne und die Entfernung derselben.

[504] 1137. Die ungeheure Entfernung der Fixsterne lässt sich, wie hinlänglich bekannt ist, wohl durch Vermuthungen, nicht aber durch sichere Rechnungen durch ein bekanntes Maass ausdrücken, und man fand den Werth derselben immer grösser, je plausibler die Argumentationen wurden. Die alten Astronomen glaubten dieselbe kaum so gross annehmen zu dürfen, wie nach unserer jetzigen Kenntniss die Entfernung der Sonne ist. *Copernicus* liess ihren Werth unbestimmt. *Kepler* schrieb ihr eine Grösse von 60 000 000 Erdhalbmessern zu und setzte also ihre Entfernung 3000 mal so gross als die der Sonne. *Riccioli* nahm die jährliche Parallaxe der Fixsterne zu 10″ an und leitete aus dem von *Wendelin* angenommenen Radius der

Erdbahn $= 14465{,}6$ Erdhalbmessern die grösste Distanz der Fixsterne ab, welche sich aus den verschiedenen Annahmen der verschiedenen Astronomen ergab, nämlich $= 604\,589\,312$ Erdhalbmessern oder gleich $30\,000$ Radien der Erdbahn. Auf eine sehr scharfsinnige Weise fand *Huyghens* die Entfernung des *Sirius* etwa eben so gross, nämlich gleich 27 664 Halbmessern der Erdbahn. Aber alle diese Entfernungen machen eine äusserst grosse jährliche Parallaxe nöthig, und dem gegenüber setzte *Bradley* auf Grund jener äusserst genauen Beobachtungen, durch welche er die Aberration des Lichts entdeckte und genau bestimmte, als die obere Grenze ihres Werthes den Betrag von einer Secunde fest und gelangte so zu der Behauptung, dass die Entfernung der Fixsterne weit grösser sei und kaum weniger betragen könne als 400 000 Halbmesser der Erdbahn.

[505] 1138. Der erste Versuch, die Lichtmenge zu bestimmen, welchen der nächtliche gestirnte Himmel ausstrahlt, ist von *de Cheseaux* gemacht worden in seiner Abhandlung über den Cometen des Jahres 1744. Derselbe suchte zugleich schätzungsweise das Verhältniss zu bestimmen, in welchem das Fixsternlicht auf seinem Weg durch den Aether geschwächt wird. Er macht nämlich die Annahme, dass die Fixsterne von uns nicht nur ungleich weit entfernt sind, sondern auch, dass die Anzahl derjenigen, welche gleichweit von der Sonne abstehen, proportional diesem Abstand wächst. Nun nimmt er an, dass diese Abstände bis ins Unbegrenzte zunehmen, und zieht hieraus den Schluss, dass der nächtliche Himmel eigentlich in der Weise mit Sternen besäet erscheinen müsse, dass überhaupt jeder Punkt durch einen Fixstern bedeckt würde, wenn das Fixsternlicht nicht eine beträchtliche Schwächung erlitte.

1139. Nun wird zwar niemand leugnen, dass die Entfernungen der Fixsterne verschieden sind. Indessen darf man wohl nicht zugeben, dass dieselben in der Weise im Weltraum vertheilt sind, wie es dieser geistreiche Forscher annimmt. Denn woher kommt die *Milchstrasse?* Meiner Ansicht nach ist das System der Fixsterne, welches wir erblicken, keineswegs kugelförmig, sondern vielmehr scheibenförmig und platt, und die Milchstrasse halte ich sozusagen für die Ekliptik der Fixsterne. Denn niemand wird meiner Meinung nach behaupten wollen, dass diese endlose Zahl von Sternen, welche das Fernrohr in diesem Streifen des Himmels zeigt, hier derart vertheilt sei, dass die darin enthaltenen Sterne sämmtlich dem Volumen nach äusserst klein und zugleich einander sehr nahe benachbart sind, und dass ihre Entfernungen von unserer Sonne ungefähr gleich oder, genauer gesprochen, nicht unendlich verschieden seien.

[506] 1140. Wenn man nun alle diese Sterne, die das menschliche Auge zu erblicken vermag, in ein einziges System zusammenfasst, so wird dasselbe doch keineswegs einfach, sondern aus unzähligen kleinen Systemen zusammengesetzt sein. Es werden alle diejenigen Sterne, welche ausserhalb der Milchstrasse liegen, und die grösseren der in diesem Lichtstreifen selbst erglänzenden Sterne demjenigen System angehören, welches auch unsere Sonne umfasst. Unter den anderen Systemen sind die uns näheren in der Milchstrasse selbst vertheilt. Dass aber diese Vertheilung eine ungleichmässige ist, folgt schon aus der unregelmässigen Gestalt der Milchstrasse, und eben deshalb erscheint dieselbe getheilt und verzweigt. Dass sich unsere Sonne nicht im Centrum des Systems befindet, schliesse ich daraus, dass ein Kreis durch die Mitte der Milchstrasse kein grösster Kreis ist.

1141. Nimmt man also an, dass die Fixsterne in dieser Weise im sichtbaren Weltraum angeordnet und vertheilt sind — und dies wird sich nicht weit von der Wahrheit entfernen — so muss die Schwächung, welche das Fixsternlicht erleidet, bevor es zu uns gelangt, unendlich viel kleiner sein, als diejenige, welche *de Cheseaux* annimmt; sie muss sogar für die näheren Fixsterne ziemlich unmerklich sein, da man auch solche Sterne noch sieht, die wohl hunderttausendmal weiter entfernt sind.

1142. Bekanntlich sind ferner die Fixsterne an Intensität und Farbe verschieden. Diese Helligkeit ist von der wahren Grösse nicht abhängig, dagegen ist die scheinbare Grösse von der Helligkeit abhängig. Denn infolge der Anhäufung des Lichts auf der Netzhaut müssen die helleren Sterne als grösser erscheinen, wenn auch ihre Entfernung und wahre Grösse dieselbe ist. Es gibt Fixsterne, welche [507] man vor den übrigen als *lucidae* bezeichnet, obwohl sie kaum dritter Grösse sind. Ihre Grösse würde vielleicht zur sechsten oder einer noch weiteren Klasse herabsinken, wenn sie weniger hell wären. Wegen der verschiedenen Farbe schrieben ihnen die Astrologen einen verschiedenen Einfluss zu.

1143. Infolge dieser unendlichen Mannigfaltigkeit darf man annehmen, dass es Fixsterne gibt, welche unserer Sonne an Helligkeit und Grösse gleich sind. Ferner erscheinen, wie man mit blossem Auge sieht, und wie sich auch aus dem von *Ptolemäus* zu 12^0 bestimmten Bogen der Sichtbarkeit leicht ergibt, die Fixsterne erster Grösse in ungefähr derselben Helligkeit, wie die Planeten, Venus ausgenommen. Dasselbe gilt auch für die scheinbare Grösse, wie aus den Beobachtungen der älteren Astronomen hervorgeht und wie man auch auf den ersten Blick sieht. Denn dieselben schätzten die Durchmesser der Fixsterne mit dem blossen Auge.

1144. Auf Grund dieser Verhältnisse wollen wir eine Abschätzung der Entfernungen der nächsten Fixsterne versuchen mit Hilfe folgender Ueberlegung. Man weiss aus dem vorigen Capitel, dass man die scheinbare Helligkeit findet, wenn man die Beleuchtung durch den Flächeninhalt des wahrgenommenen Bildes dividirt. Wir denken uns also einen Fixstern, welcher dieselbe wahre Helligkeit hat wie die Sonne, und dieselbe scheinbare Helligkeit und Grösse, wie ein Planet. Dann wird der Flächeninhalt des wahrgenommenen Bildes derselbe sein, ebenso die in das Auge eindringende Lichtmenge, und mithin auch die Beleuchtung.

1145. Der scheinbare Halbmesser des Fixsterns sei $= s$, seine wahre Helligkeit, ebenso wie die Helligkeit der Sonne, sei $= 1$, der scheinbare Halbmesser des Planeten $= \sigma$, der Halbmesser der Sonne, vom Planeten aus gesehen, $= S$, [508] und die Albedo des Planeten sei $= A$; dann wird die centrale Helligkeit des Planeten in der Opposition, wenn man sie deutlich sehen könnte, $= A \sin^2 S$, die mittlere Helligkeit der Scheibe $= \frac{2}{3} A \sin^2 S$; hieraus entsteht die Beleuchtung $= \frac{2}{3} A \sin^2 S \cdot \sin^2 \sigma$. Dagegen ist die Beleuchtung, welche durch den Fixstern entsteht, $= \sin^2 s$. Da nun beide gleich sein sollen, so erhält man

$$\sin^2 s = \tfrac{2}{3} A \sin^2 S \sin^2 \sigma .$$

Statt dieser Gleichung kann man, wenn man nur den Halbmesser s sucht, die folgende setzen:

$$s^2 = \tfrac{2}{3} A \cdot \sigma^2 \cdot \sin^2 S$$

oder

$$s = \sigma \sin S \sqrt{\tfrac{2}{3} A}.$$

1146. Sei nun der mittlere Halbmesser der Sonne, von der Erde aus gesehen, $= 16'$, die halbe grosse Axe der Erdbahn $= 1$, die heliocentrische Entfernung des Planeten $= a$; dann wird sehr nahe

und mithin
$$\sin S = \frac{\sin 16'}{a}$$

$$\sin s = \sqrt{\frac{2A}{3}} \frac{\sin \sigma \sin 16'}{a}$$

$$s = \frac{\sigma \sin 16' \sqrt{2A}}{a\sqrt{3}}.$$

1147. Nimmt man nun die wahre Grösse eines Fixsterns gleich der Grösse der Sonne und setzt seine Entfernung $= x$, so wird
$$\sin s : \sin 16' = 1 : x$$
und daher
$$x = \frac{a}{\sin \sigma \sqrt{\frac{2A}{3}}}.$$

1148. Setzt man die Albedo A der Planeten $= \frac{1}{4}$, welchen Werth sie kaum übersteigen dürfte (1072), und legt man die mittleren Entfernungen der Planeten zu Grunde, ebenso ihre scheinbaren Durchmesser in der Conjunction, [509] und entweder der Opposition oder zu der Zeit, wenn sie halberleuchtet erscheinen, so erhält man hieraus die folgende Tabelle (1127, 1128, 1133)

Planet	Scheinb. Halbmesser	Entfernung des Fixsterns	Scheinb. Durchmesser des Fixsterns
	in Conjunction		
♄	15″	425100	0‴ 16⁗
♃	31	112100	1 1
♂	6	169700	0 41
♀	12	40290	2 51
☿	6	43020	2 41
	in Opposition		
♄	18	354200	0 19
♃	46	75570	1 32
♂	30	33950	3 24
	bei halber Phase		
♀	30	22790	5 9
☿	9	28900	3 52

1149. Unter diesen Distanzen kommt die kleinste demjenigen Werth nahe, welchen *Huyghens* aus seinem scharfsinnigen Versuch abgeleitet hat (1137). Aber dieser Werth ist, wie schon oben bemerkt wurde, noch zu klein, da hieraus eine sehr beträchtliche jährliche Parallaxe folgen würde. Die Beobachtungen zeigen nun, dass alle Planeten, vielleicht mit Ausnahme des Saturn, entweder heller oder grösser erscheinen, als die Fixsterne erster Grösse. Für Jupiter und Venus findet offenbar beides statt, während Mercur eine grössere Helligkeit zeigt als die Fixsterne, wogegen Mars bei der Opposition dieselben an [510] scheinbarer Grösse übertrifft. Die Entfernung des Fixsterns ist also, da er dunkler erscheint, noch zu vergrössern. Ausserdem scheint die Albedo des Mars weit kleiner zu sein, als die der anderen Planeten. Da wir aber bei dieser Rechnung die Albedo immer gleich gross angenommen haben, so folgt, dass die Entfernung des Fixsterns, welche durch die Vergleichung mit Mars gewonnen wurde, in entsprechendem Maasse zu vergrössern ist.

1150. Saturn ist also der einzige Planet, welchem eine solche Entfernung eines Fixsterns entsprechen würde, welche der Wahrheit näher kommt. Denn sein Bogen der Sichtbarkeit ist dem entsprechenden Winkel bei einem Fixstern erster Grösse nahezu gleich; *Ptolemäus* setzt den betreffenden Winkel im ersten Fall $= 11^\circ$, im letzteren $= 12^\circ$. Daher ist die Entfernung eines Fixsterns $= 425100$ Erdbahnhalbmessern eher zu klein als zu gross. Dies stimmt mit den sehr genauen Beobachtungen *Bradley*'s sehr gut überein (1137).

1151. Die Grösse der Fixsterne, mit blossem Auge gesehen, ist nicht nur von ihrer wirklichen Grösse und Entfernung, sondern in hohem Grad auch von ihrer Helligkeit abhängig. Denn je intensiver das Licht eines Fixsterns ist, um so grösser wird die empfindliche Fläche auf der Netzhaut des Auges, welche in ungefähr demselben Verhältniss wächst, wie die entsprechende Beleuchtung durch den Fixstern. Es ist also keineswegs absurd, anzunehmen, dass es unter den Fixsternen sechster Grösse auch solche gibt, welche uns ebenso nahe sind, als andere von der ersten Grösse. Dagegen können manche unter den letzteren weiter entfernt sein, so dass es also nicht möglich ist, von der scheinbaren Grösse der Fixsterne auf die Entfernung derselben einen allgemeinen Schluss zu ziehen.

[511] 1152. Setzt man jedoch die Entfernung des nächsten Fixsterns $= 500000$ und legt man ihm die Grösse und Helligkeit bei, die unsere Sonne hat, so wird sich die hieraus entstehende

Beleuchtung zur Beleuchtung durch die Sonne verhalten wie 1 zu 250 000 000 000. Und da man oben gesehen hat, dass die Beleuchtung, welche durch die Sonne entsteht, sich zu derjenigen, welche vom Vollmond ausgeht, verhält wie 500 000 zu 1, so folgt hieraus, dass das Licht, welches von diesem Fixstern auf die Erde gelangt, 500 000 mal schwächer ist, als dasjenige, welches dem Vollmond entspricht. Also würden 500 000 Fixsterne erster Grösse die Nacht kaum so hell erleuchten, wie sie durch den Vollmond erleuchtet wird.

Siebenter Theil.

Die verschiedenen Arten
und die Intensität des heterogenen und relativen Lichts
oder
der Farben und des Schattens.

[512] Kapitel I.

Die Helligkeit und die Verschiedenartigkeit der Farben, experimentell und theoretisch betrachtet.

. . . .

519] 1173. **Versuch 35.** Auf ein schwarzes Blatt Papier wurde ein stärkeres weisses Blatt so aufgelegt, dass ersteres hervorragte und nirgends ganz von letzterem bedeckt wurde. Ferner wurde ein Stück ganz rothen Siegellacks so danebengelegt, dass das Licht in derselben Menge und Dichtigkeit auf dasselbe auffiel, wie auf das Blatt. Wenn nun das Blatt durch ein Glasprisma betrachtet wurde, so erschien der Rand des Blattes mit einem rothen Saum umgeben, und wenn man diese Farbe verglich mit der Farbe des Siegellacks, der mit blossem Auge betrachtet wurde, so liess sich kaum ein Unterschied in der Intensität der Färbung wahrnehmen. Das Prisma wurde immer so gestellt, dass das Bild des Blattes seine höchste oder seine tiefste Lage erhielt.

1174. Da also das weisse Blatt die rothen Strahlen ungefähr in derselben Menge zurückwarf, wie der Siegellack, welcher angewendet wurde, so folgt, dass die Albedo des Blattes und die Rubedo des Siegellacks nahezu gleich waren. Die erstere muss nämlich etwas grösser gewesen sein, weil ein Theil der Strahlen an beiden Oberflächen des Prismas reflectirt wird und im Glas selbst eine Zerstreuung stattfindet. Die Rechnung ergab mir, dass die Albedo ungefähr um ein Viertel grösser gewesen sein muss.

1175. Durch einen ähnlichen Versuch wird man die violette Farbe mit der Albedo eines Blattes vergleichen können. [520 Sobald aber der violette Rand des Blattes heller erscheint, als die angewendete Farbe, so wird man entweder ein Blatt nehmen müssen, welches das Licht in geringerer Menge reflectirt, oder man wird die Entfernung desselben von der Kerze ändern müssen; das letztere muss auch dann geschehen, wenn der Rand des Blattes dunkeler erscheint.

1176. Für die zwischenliegenden prismatischen Farben kann man diesen Versuch nicht machen, da sich dieselben nicht in der Weise von den anderen trennen lassen, wie die beiden äusseren. Allgemeiner ist deshalb der folgende

1177. **Versuch 36.** In der Wand oder den Fensterläden eines gut verdunkelten Zimmers befinden sich zwei Oeffnungen

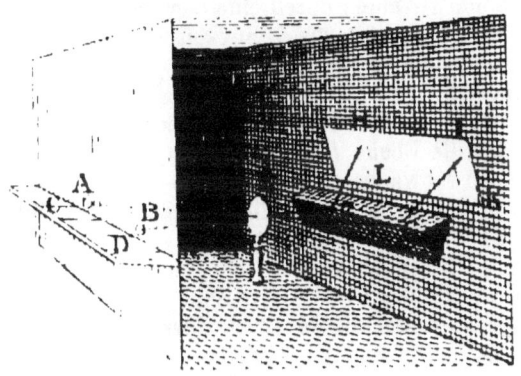

Fig. 102.

A und B; ihnen gegenüber stehe in C eine weisse, in D eine farbige, z. B. grüne Ebene; beide mögen von der Sonne gleich stark erleuchtet werden und durch die anliegende Oeffnung ihr Licht in das Zimmer werfen. Dieses Licht werde in E durch eine Sammellinse aufgefangen und hinter derselben stehe das Prisma FG, so dass die Strahlen, nachdem sie durch die Linse gebrochen sind, durch das Prisma getrennt werden.

Das längliche Bild beider Oeffnungen A und B oder der Strahlen, welche beide Ebenen C und D auf die Linse werfen, werde aufgefangen in II. Dann wird man in II die einzelnen prismatischen Farben von einander getrennt sehen, dagegen werden in I die grünen Strahlen dichter erscheinen als die anderen. Wenn nun die grüne Farbe in beiden länglichen Bildern gleich hell ist, so wird man hieraus schliessen dürfen, dass diese Farbe von beiden Ebenen C und D in gleichem Grad zurückgeworfen wird; im anderen Falle muss man, um einen anderen Einfallswinkel zu erhalten, die Stellung der einen Ebene so lange ändern, bis die grüne Farbe in II und in I [521] gleich hell erscheint, und dann wird sich die Albedo der Ebene C zur Viredo der Ebene D umgekehrt verhalten wie der Sinus des Einfallswinkels.

1178. Man kann diesen Versuch auf verschiedene Weise abändern. So kann man beispielsweise zwei Linsen anwenden, von denen die eine das Licht der Oeffnung A, die andere das Licht der Oeffnung B auffängt. Ferner kann man die Oeffnungen der Linsen beliebig ändern. Auch kann man die Helligkeit beider Ebenen C und D vergrössern, wenn man die einfallenden Sonnenstrahlen durch eine Sammellinse verdichtet.

1179. Da man also die Helligkeit der beiden länglichen Bilder in dreifacher Weise ändern kann, so ergibt sich hieraus eine Methode, für eine gewisse Farbe die Strahlenmenge zu bestimmen, welche von einem Farbstoff zurückgeworfen wird. Obwohl nämlich die Ebene D grün aussieht, so erblickt man dennoch in K ein schwaches rothes Licht, und man wird daher die Helligkeit desselben mit der Helligkeit des rothen Bildes in L vergleichen können. Man verdichte die in D einfallenden Sonnenstrahlen mit Hilfe einer Convexlinse, und es sei die Oeffnung der Linse, welche das Licht der Oeffnung B auffängt, möglichst gross. Dagegen mögen die Sonnenstrahlen auf C ohne zwischengesetzte Linse auffallen, der Einfallswinkel möge, wenn erforderlich, verkleinert werden, ebenso auch die Oeffnung der Linse, welche das Licht von A auffängt, bis beide rothen Bilder gleich hell erscheinen; dann ergibt sich nach den früher bewiesenen Lehrsätzen das Verhältniss zwischen der Dichtigkeit der rothen Strahlen, welche einerseits von der weissen Ebene C, andererseits von der grünen Ebene D zurückgeworfen werden. Man sieht von selbst, dass der Gang derselbe ist, wenn die Farbe der Ebene D beliebig war und wenn man beliebige Theile der länglichen Bilder II und I [522] zu vergleichen hatte.

1180. Die Berechnung, welche hier anzustellen ist, erledigt

sich in folgender Weise. Man nehme an, die Ebene C sei in dem Sinne vollkommen weiss, dass sie das Licht in demjenigen Verhältniss zurückwirft, welches zur Herstellung der weissen Farbe erforderlich ist. Auf Grund dieser Voraussetzung bezeichne man die Dichtigkeit der zurückgeworfenen Strahlen einer beliebigen Farbe als Einheit und bestimme in dieser Einheit die Dichtigkeit der Strahlen von beliebiger Farbe, welche durch den Farbstoff D zurückgeworfen werden. Man setze z. B. die Dichtigkeit der rothen Strahlen $= r$. Wenn nun das senkrecht einfallende Sonnenlicht $= 1$, der Sinus des Incidenzwinkels in $C = s$, in $D = S$ gesetzt wird, und wenn ferner das Licht in D durch eine Sammellinse verdichtet wird, so ergibt sich aus den Lehrsätzen 23, fgde. und den Formeln § 539, fgde. das Verhältniss, in welchem die Helligkeit der Ebene D vergrössert worden ist; wir setzen dasselbe $= 1 : m$. Hiernach wird diejenige Helligkeit der Ebene C, welche den rothen Strahlen entspricht, $= s$, und die Helligkeit der Ebene D, welche gleichfalls den rothen Strahlen entspricht, $= m S r$. Nimmt man nun an, dass beide Linsen in E dieselbe Brennweite haben, und dass für beide die Stellung des Prismas dieselbe ist, so werden die Helligkeiten s und $m S r$ nur noch von der Oeffnung der Linsen abhängen sein. Bezeichnet man also die Oeffnung derjenigen Linse, welche D entspricht, mit A, die Oeffnung der anderen Linse mit a, so wird das rothe Bild K eine Helligkeit $= A m r S$, das rothe Bild L eine Helligkeit $= a s$ besitzen. Beide sind aber in dem Versuche gleich, also wird

$$A m r S = a s$$

und mithin

$$1 : r = A m S : a s .$$

[523] Hieraus folgt:

1181. **Lehrsatz 51.** *Die Dichtigkeit der Strahlen einer gegebenen Farbe, welche eine weisse Ebene C zurückwirft, verhält sich zur Dichtigkeit der Strahlen von derselben Farbe, welche eine farbige Ebene D zurückwirft, wie das Product aus der Dichtigkeit des Lichts, welches den Farbstoff der Ebene D erleuchtet, und der Oeffnung der Linse, welche das Bild auffängt, zum Product aus der Dichtigkeit des Lichts, welches die weisse Ebene C erleuchtet, und dem Flächeninhalt der Linse, welche das Bild derselben auffängt.*

Beweis: Es ist nämlich

$$1 : r = A m S : a s ,$$

mS und *s* sind aber die Dichtigkeiten des in *D* und *C* auffallenden Lichtes, *A* und *a* die Flächeninhalte der Oeffnung der entsprechenden Linsen; woraus der Satz folgt. Uebrigens sind die Grundlagen des Lehrsatzes in § 1150 schon erörtert worden.

. . . .

[530] 1198. Wir wollen nun sehen, wie sich die Helligkeit von Farben, welche sich gegenseitig beleuchten, theoretisch verfolgen lässt, und betrachten hierzu zunächst den Fall der absoluten Beleuchtung. Aus den bisher beigebrachten Versuchen erkennt man, dass ein beliebiger Farbstoff alle verschiedenen Farben in einer verschiedenen und ihm eigenthümlichen Weise zurückwirft. Ferner wurde früher bemerkt (1170 fgde.), dass für die Helligkeit eines Farbstoffs die Färbung eines Strahles und die Dichtigkeit der Strahlen gleicher Färbung maassgebend sind. Daher [531] drücken wir diese Helligkeit durch den Flächeninhalt einer gewissen Curve so aus, dass sie auf den bei der Rechnung benutzten Einheiten beruht.

1199. Die Abscissen *AP* mögen die Gattung der Strahlen darstellen, und zwar sei *AB* die kleinste, *AC* die grösste Abscisse; die Ordinaten *BD*, *PM* und *CE* sollen dagegen die Menge derjenigen Strahlen ausdrücken, welche von gleicher Färbung sind; dann ist offenbar der Raum *BDEC* gleich der Summe aller Kräfte, also gleich der Helligkeit, welche daraus entsteht und in welcher der Farbstoff sichtbar ist.

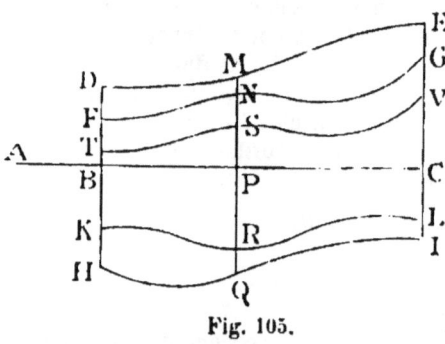

Fig. 105.

1200. Man nehme nun an, dass die Ordinaten, welche zur Curve *DME* gehören, diejenige Strahlenmenge bezeichnen, welche zur Herstellung des vollkommen weissen Lichtes erforderlich ist; in diesem Fall wird diese Curve ein Maassstab sein, vermöge dessen man die Helligkeit eines beliebigen Farbstoffes ausdrücken kann.

1201. Wird nämlich ein beliebiger Farbstoff einer vollkommen weissen Lichtquelle in der Weise zugewandt, dass derselbe durch letztere absolut beleuchtet wird, und denkt man sich die von einem gegebenen Flächenelement des Farbstoffes = 1 reflectirte Strahlenmenge dargestellt durch die Ordinaten FNG; so wird der Raum $FNGCB$ gleich der Summe aller Kräfte und mithin gleich der Helligkeit jenes Farbstoffes, sofern er durch eine vollkommen weisse Lichtquelle erleuchtet wird.

1201. Ferner wird das Verhältniss zwischen homologen Ordinaten beider Curven $PM : PN$ gleich dem Verhältniss zwischen den einfallenden und den zurückgeworfenen Strahlen sein; dasselbe ist also für jede bestimmte Strahlengattung constant.

1203. Denkt man sich daher jenen Farbstoff durch eine Lichtquelle beschienen, deren Helligkeit durch die Curve HQI dargestellt werden möge, und denkt man sich die Helligkeit des absolut beleuchteten Farbstoffes durch die Curve KRL ausgedrückt, so wird

$$PM : PN = PQ : PR.$$

[532] Sind also die drei Curven DME, FNG, HQI gegeben, so ergibt sich vermöge dieser Proportion eine vierte, deren Inhalt die Helligkeit des Farbstoffes darstellt, welcher durch die Lichtquelle HQI absolut beleuchtet wird.

1204. Wenn die Beleuchtung keine absolute war, so ist der ganze Raum $BKLC$ in demjenigen Verhältniss zu verkleinern, in welchem die Beleuchtung selbst kleiner ist. Dieses Verhältniss lässt sich aber leicht bestimmen mit Hilfe derjenigen Sätze, welche im ersten und zweiten Theil dieses Werkes bewiesen wurden.

1205. Den Raum der Curve $BDEC$, welcher die Helligkeit der vollkommen weissen Lichtquelle darstellt, betrachten wir hier als diejenige Einheit, auf welche die Inhalte der übrigen Curven bezogen werden müssen, um die dargestellten Helligkeiten durch eine und dieselbe Helligkeit auszudrücken. Diese Einheit ist nothwendigerweise willkürlich (709, 779) und kann daher für jeden Fall nach Belieben angenommen werden.

1206. Die beiden Curven DME und FNG lassen sich durch eine einzige ersetzen, wenn nur das Verhältniss zwischen den Ordinaten $PM : PN$ gesucht ist. Ist TSV diese Curve, so wird

$$PS = PN : PM$$
$$PR = PQ \cdot PS.$$

Die Ordinaten PS bezeichnen also das Verhältniss zwischen den Strahlen einer gewissen Gattung, welche auf einen gegebenen Farbstoff auffallen, und den von ihm zurückgeworfenen Strahlen.

1207. Nach diesen Vorbemerkungen stellen wir, um uns später kurz fassen zu können, die folgenden Begriffe fest:
1. Die Abscissen $AP = x$ werden wir einfach als *Strahlengattung* bezeichnen, weil dieselben die verschiedene Kraft ausdrücken, mit welcher die Strahlen die Netzhaut des Auges erregen. [533]
2. Die Ordinaten PS der Curve TSV werden wir als *die Reflexionsfähigkeit des Farbstoffes* bezeichnen, weil sie das Verhältniss zwischen den einfallenden und reflectirten Strahlen ausdrücken.
3. Bezeichnet man ferner die Ordinaten PQ, PR, PS mit λ, p, v, so werden sich die Flächenräume der entsprechenden Curven ausdrücken durch $\int \lambda \, dx$, $\int p \, dx$, $\int v \, dx$, und *es wird also $\int \lambda \, dx$ die Farbe der Lichtquelle, $\int p \, dx$ die Farbe des durch die erstere absolut beleuchteten Farbstoffes. $\int r \, dx$ die Summe der reflectirenden Kräfte des Farbstoffes sein.*

1207. Da also (1206)
$$p = r\lambda$$
ist, so wird
$$\int p \, dx = \int v \lambda \, dx$$
und mithin ist die Farbe des Pigmentes bestimmt durch die Farbe der Lichtquelle, von welcher dasselbe absolut beleuchtet wird, und die Reflexionsfähigkeit, welche dem Pigment eigen ist.

1208. Hierdurch kann man nun leicht die Bedeutung des Buchstabens A bestimmen, welcher in Versuch 28, fgde. angewendet und dessen Erklärung auf das gegenwärtige Kapitel verschoben wurde (762). Habe also in Fig. 70 alles die Bedeutung, wie in § 726, fgde. Die beiden Ebenen G und FD mögen mit demselben Farbstoff bestrichen sein. Die Summe der reflectirenden Kräfte des Farbstoffes heisse $\int v \, dx$, und die Farbe der Lichtquelle L, welch letztere wir hier gleichfalls als kugelförmig annehmen, sei $= \int \lambda \, dx$. Nimmt man dann an, dass das Pigment von jener Lichtquelle absolut beleuchtet werde, so wird die Farbe desselben offenbar $= \int v \lambda \, dx$ sein. Ebenso wird, wenn das Pigment FD durch das Pigment G absolut beleuchtet wird, die Farbe des Pigments FD sein $= \int v^2 \lambda \, dx$.

[534] 1209. Bei den vorliegenden Versuchen war aber die Beleuchtung keine absolute, mithin sind die Helligkeiten der Farben $\int v \lambda \, dx$ und $\int v^2 \lambda \, dx$ in entsprechender Weise zu ver-

kleinern, um diejenige Farbe zu finden, welche in den Punkten
G, D und F vorhanden war. Bezeichnet man also die Durchsichtigkeit der Linse AB mit $\varkappa$ (741), so wird

die Farbe der Ebene $G = \int v \lambda\, dx : GL^2$

der Ebene $D = \int v \lambda\, dx : LD^2$

des Bildes $F = \dfrac{\varkappa \operatorname{tg}^2 AFC}{LG^2 \cdot \sec^2 AGC} \cdot \int v^2 \lambda\, dx$.

Bei dem Versuch waren aber die beiden Farben in D und F gleich hell, folglich wird

$$\dfrac{\int v \lambda\, dx}{LD^2} = \dfrac{\varkappa \operatorname{tg}^2 AFC}{LG^2 \cdot \sec^2 AGC} \cdot \int v^2 \lambda\, dx,$$

also hat man

$$\dfrac{LG^2 \cdot \sec^2 AGC}{LD^2 \cdot \varkappa \cdot \operatorname{tg}^2 AFC} = \dfrac{\int v^2 \lambda\, dx}{\int v \lambda\, dx} = A \quad (738).$$

Hiernach ist A das Verhältniss zwischen der Farbe der Ebene G, welche durch die Lichtquelle L absolut beleuchtet wird, und der Farbe der Ebene FD, welche durch die Ebene G absolut beleuchtet wird. Mithin ist, wenn man die Menge der Strahlen, welche in dem Verhältnisse gemischt sind, wie sie in F einfallen, $= 1$ setzt, die Menge derjenigen Strahlen, welche von der Ebene F reflectirt werden, $= A$, wie dieselben auch unter einander gemischt sein mögen (762). Man kann jedoch diesen Satz genauer aussprechen, wenn man statt Strahlenmenge sagt: **Summe der Kräfte, da die letztere zur erstern nicht genau proportional ist (1161).**

1210. Wenn man annehmen darf, dass die Strahlen derselben Farbe dieselbe Kraft besitzen, oder dass man aus der Summe von Kräften einen Mittelwerth bilden dürfe, so brauchen die Curven, welche Fig. 105 zeigt, nicht continuirlich zu sein, sondern man wird nur sieben Abscissen und [535] ebenso viele ihnen entsprechende Ordinaten haben. Man hat es daher mit einer Berechnung von discreten Grössen zu thun, welche man in folgender Weise eleganter darstellen kann.

1211. Die Mengen von rothen, orangefarbenen Strahlen u. s. w., aus welchen die Lichtquelle L (Fig. 70) besteht, mögen bezeichnet werden durch die Buchstaben R, A, F, V, C, P, W und die reflectirenden Kräfte der Pigmente G und D mögen in derselben Reihenfolge: r, a, f, v, c, p, w genannt werden. Dann wird die Farbe der Lichtquelle $= R + A + F + V + C + P + W$ und die Farbe des absolut beleuchteten Pigmentes G oder $D = rR + aA + fF + vV + cC + pP + wW$. Dieselbe heisse r_i'.

1212. Nimmt man an, dass durch das Pigment G ein ähnliches Pigment absolut beleuchtet wird, so wird die hieraus entstehende Farbe ·

$$r_i'' = r^2 R + a^2 A + f^2 F + v^2 V + c^2 C + p^2 P + w^2 W$$

und in ähnlicher Weise wird die Farbe eines dritten Pigmentes, welches von diesem zweiten absolut beleuchtet wird,

$$r_i''' = r^3 R + a^3 A + f^3 F + v^3 V + c^3 C + p^3 P + w^3 W.$$

1213. Wird dann in derselben Weise ein viertes Pigment durch das dritte, ein fünftes durch das vierte absolut beleuchtet, u. s. w., so wird die Farbe des $n$ten Pigmentes

$$r_i^n = r^n R + a^n A + f^n F + v^n V + c^n C + p^n P + w^n W.$$

Diese Formel soll nun auf einige Specialfälle in der Weise angewendet werden, dass sich die Ergebnisse leicht auf den vorhergehenden Fall, wo diese Farben durch Curven ausgedrückt wurden, übertragen lassen.

1214. Wenn das Pigment vollkommen weiss war, und wenn alle Strahlen in demselben Verhältniss, in welchem sie einfallen, auch reflectirt werden, so wird in diesem Fall $r = a = f = v = c = p = w$ sein, und daher

$$r_i^n = r^n (R + A + F + V + C + P + W).$$

[536] Stets wird also, so viel auch Reflexionen stattfinden mögen, das Pigment dieselbe Farbe zeigen, wie die Lichtquelle L, obwohl die Helligkeit derselben immer schwächer wird, wenn nicht das Pigment eine vollkommene Albedo besass; denn im letzteren Falle hat man $r = a = f = \cdots = 1$.

1215. *Ist eines unter den Verhältnissen r, a, f, u. s. w. beträchtlich grösser als die anderen, so wird sich der Farbstoff, je öfter sich die Reflexionen wiederholen, allmählich mehr und mehr derjenigen Farbe annähern, auf welche sich dieses Verhältniss bezieht.* Denn jedes einzelne Glied des Ausdrucks für r_i^n (1213) wächst wie die entsprechende Potenz der Verhältnisse $r, a, f, \ldots$ und mithin um so schneller, je grösser diese Verhältnisse sind. Ist der Farbstoff z. B. Zinnober, so wird das Verhältniss r weit grösser sein als die anderen, und daher werden bei der vierten oder fünften Reflexion die Glieder der Formel (1213), welche auf das erste folgen, nahezu verschwinden. Dies zeigte sich deutlich bei Versuch 28 und den folgenden ähnlichen (1188). Denn als Flächen angewendet wurden, welche mit Mennige, Grünspan, Zinnober, Kreuzbeersaft bestrichen waren, so kam das Bild F, obwohl nur eine einzige Reflexion stattgefunden hatte, der einfachen prismatischen Farbe beträchtlich näher.

1216. Hieraus würde sich also eine Methode ergeben, die Hauptfarbe eines Pigmentes von den secundären Farben zu trennen, so dass sie schliesslich allein übrig bleiben würde, vorausgesetzt, dass man eine fortgesetzte Beleuchtung herstellen könnte, welche der absoluten Beleuchtung möglichst nahe kommt. Dies liess sich aber auf keinen Fall erreichen.

1217. Hätte man in einem gegebenen Fall $R = A = F = \cdots$, so würde die allgemeine Formel in die folgende übergehen:

$$\eta^n = R(r^n + a^n + f^n + r^n + c^n + p^n + w^n).$$

[537] Betrachtet man dann die Verhältnisse $r, a, f, c \ldots$ als die Wurzeln einer Gleichung siebenten Grades

$$x^7 - \alpha x^6 + \beta x^5 - \gamma x^4 + \delta x^3 - \varepsilon x^2 + \zeta x - \varphi = 0$$

so erhält man durch die *Newton*'schen Relationen

$$\eta' = \Sigma x = \alpha$$
$$\eta'' = \Sigma x^2 = \alpha \Sigma x - 2\beta$$
$$\eta''' = \Sigma x^3 = \alpha \Sigma x^2 - \beta \Sigma x + 3\gamma$$
$$\eta'''' = \Sigma x^4 = \alpha \Sigma x^3 - \beta \Sigma x^2 + \gamma \Sigma x - 4\delta$$
$$\eta^V = \Sigma x^5 = \alpha \Sigma x^4 - \beta \Sigma x^3 + \gamma \Sigma x^2 - \delta \Sigma x + 5\varepsilon$$
$$\vdots$$

Sind also die Farben $\eta', \eta'', \eta''' \ldots \eta^{VII}$ durch Versuche gegeben, so folgen aus diesen Formeln leicht die Coefficienten $\alpha, \beta, \gamma, \delta \ldots$ der Gleichung und hieraus ergeben sich die Wurzeln selbst, welche das Verhältniss zwischen den einfallenden und den zurückgeworfenen Strahlen darstellen. Da sich jedoch diese Verhältnisse durch den früher (1179, fgde.) beschriebenen Versuch bequemer bestimmen lassen, so werden wir nicht länger bei einer weiteren Erörterung dieser Methode verweilen. Andere hierher gehörige Versuche werden, da die Principien, auf welche sie sich gründen, hier fehlen, in der *Pyrometrie* vorkommen.

Kapitel II.
Theorie der verschiedenen Arten des Schattens und der Intensität desselben.

. . . .

[**538**] 1220. Sofern ein dunkeler Körper alle Strahlen auffängt, wird der Schatten *total* sein; wenn dagegen nur ein Theil der Strahlen aufgefangen wird, so hat man *Halbschatten*. Diese beiden Begriffe werden jedoch auf eine und dieselbe Lichtquelle bezogen; und wenn man dem gewöhnlichen Sprachgebrauch folgt, so muss diese Lichtquelle heller sein als die anderen, der Schatten und der Halbschatten müssen auffallend sein und die Gegenwart der Lichtquelle und des Körpers, welcher das Licht auffängt, muss offenkundig sein. Denn abgesehen vom Schatten kann nur ein verschiedener Grad der Helligkeit vorhanden sein, welcher durch die Veränderung des Einfallswinkels oder der Entfernung der Lichtquelle bedingt ist. Ferner pflegt man die Begriffe Schatten und Finsterniss einander so gegenüberzustellen, dass eine schattige Stelle noch nicht aller Helligkeit beraubt ist, während für die Finsterniss eine vollständige Abwesenheit des Lichts erforderlich ist. Indessen bezeichnet man im weiteren Sinne eine Stelle als mit Finsterniss bedeckt, wenn das Auge die Gegenstände nicht wahrzunehmen und von einander zu unterscheiden vermag.

1221. So verhält es sich wenigstens hinsichtlich des gewöhnlichen Sprachgebrauchs, für welchen [**539**] das Urtheil des Auges maassgebend ist. Dagegen muss in der wissenschaftlichen Optik und Photometrie ein theoretischer Gesichtspunkt maassgebend sein. Hierdurch werden diese Begriffe in engere Grenzen eingeschlossen, sodass ihre präcise Bedeutung klar wird. Man wird also jede Beeinträchtigung des Lichts als Schatten bezeichnen, gleichgiltig ob derselbe merkbar ist oder sich dem Auge entzieht, und man wird nur dann von Finsterniss sprechen, wenn die Beeinträchtigung und die Abwesenheit des Lichts eine absolute ist.

1222. Die verschiedenen Stufen der Helligkeit oder Dunkelheit des Schattens und Halbschattens sind abhängig von demjenigen Licht, welches anderweitig auf die beschatteten Stellen gelangt, sei es auf directem Wege, sei es durch Reflexion oder Brechung. Hierdurch wird also die Theorie der Intensität des Schattens mit einem Schlage zurückgeführt auf die Theorie der

Photometrie.

Beleuchtung, welche im Früheren eingehend auseinandergesetzt wurde. Um daher hier nicht alles zu wiederholen, wollen wir die Sache durch einige Beispiele erläutern.

1223. Auf offenem Felde befinde sich die Mauer AB von unbegrenzter Länge, welche den Schatten der Sonne auf die

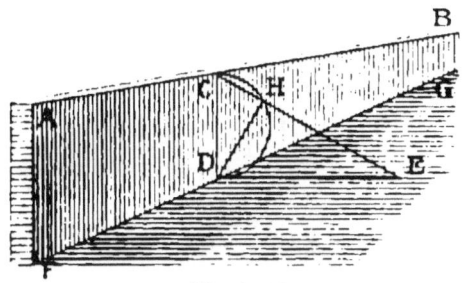

Fig. 106.

Seite DE wirft; man suche nun die Helligkeit des Schattens in einem beliebigen Punkte E, welcher lediglich durch den unbewölkten Himmel beleuchtet wird. Fällt man vom Punkte E aus das Perpendikel ED, errichtet die Senkrechte DC und zieht CE, so wird CED die scheinbare Höhe der Mauer in ihrem Maximum darstellen. Denkt man sich nun E als das Centrum einer Kugel und projicirt die Gerade AB auf die Oberfläche derselben, so wird diese Gerade einen grössten Kugelkreis ausschneiden, und einen ebensolchen Kreis schneidet auch die Basis FG der Mauer aus. Ist Fig. 15 QE der eine, BE der andere dieser Kreise, so wird EQB die Hälfte des von der Mauer bedeckten Stückes der Himmelshalbkugel sein. Daher ist das auf den gegebenen Punkt auffallende Licht des Himmels dasjenige, [540] welches vom übrigen Theil des Himmels $AEQC$ ausgeht, und dasselbe lässt sich mit Hilfe des Lehrsatzes 12 (145) in folgender Weise bestimmen.

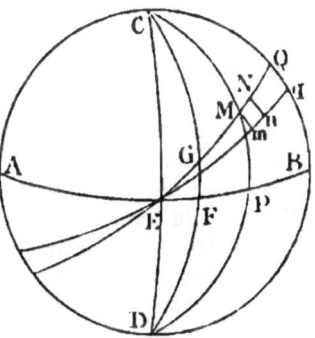

Fig. 15.

1224. Die mittlere Helligkeit des unbewölkten Himmels sei $= c$ und die Albedo des beschatteten Feldes $= A$; dann wird die Helligkeit des Feldes, wenn dasselbe von der ganzen Himmelshalbkugel, also absolut, beleuchtet wird, $= cA$ sein. Nun verhält sich aber die absolute Beleuchtung zur beiderseitigen Beleuchtung des Punktes durch die Fläche $ACQE$ wie π zu $\frac{1}{2}\pi(1 + \sin CQ)$, also wird die Helligkeit des gegebenen Punktes

$$u = \tfrac{1}{2} cA (1 + \sin CQ)$$

oder, wenn man zu Figur 106 zurückkehrt

$$u = \tfrac{1}{2} cA (1 + \cos CED).$$

Setzt man die Verticale $CD = 1$, beschreibt auf ihr als Durchmesser den Halbkreis CHD, und zieht dann CH, so wird

$$u = \tfrac{1}{2} cA (CD + DH),$$

oder da

$$\tfrac{1}{2}(1 + \cos CED) = \cos^2 \tfrac{1}{2} CED,$$

so wird

$$u = \tfrac{1}{2} cA \cos^2 \tfrac{1}{2} CED.$$

Hieraus folgt:

1225. **Lehrsatz 52.** *Die Helligkeit des Schattens der Sonne, welcher auf offenem Felde durch eine horizontale Mauer von unbegrenzter Länge erzeugt wird, ist gleich dem Product aus der mittleren Helligkeit des Himmels, der Albedo des Feldes und dem Quadrat des Cosinus der halben grössten scheinbaren Elevation CED der Mauer.*

. . . .

[542] 1231. In ähnlicher Weise kann man den Sonnenschatten bestimmen, welcher einem beliebigen Theil der Himmelshalbkugel entspricht. Die mittlere Helligkeit des unbewölkten Himmels verhält sich, wie man gesehen hat, zur Helligkeit der Sonne wie 1 zu 277000 (914) und mit Hilfe dieses Werthes kann man die Helligkeit des Schattens und die Helligkeit einer von der Sonne beleuchteten Stelle gegenseitig vergleichen.

1232. Man nehme beispielsweise an, dass ein beliebiger Punkt einer horizontalen Fläche gegen die Sonne beschattet, [543] dagegen von der ganzen Himmelshalbkugel beleuchtet wird mit Ausnahme derjenigen Stelle, wo sich die Sonnenscheibe befindet. Dann findet also nahezu absolute Beleuchtung statt. Bezeichnet man dann die Helligkeit der Sonne mit C, die mittlere Helligkeit des wolkenlosen Himmels mit c und den scheinbaren Halbmesser der Sonne mit s, so stehen die Beleuchtung durch das Himmelsgewölbe und die Beleuchtung durch die Sonne in dem Verhaltniss wie c zu $C\sin^2 s$. Setzt man also $s = 16'$ und $c : C = 1 : 277000$, so wird dieses Verhältniss $= 1 : 6$. Mithin ist die Helligkeit, welche der Sonne entspricht, ungefähr das Sechsfache derjenigen, welche der unbewölkten Himmelshalbkugel entspricht, und mithin sind diejenigen Stellen, welche durch die Sonne und das ganze Himmelsgewölbe erleuchtet werden, ungefähr um ein Sechstel heller als diejenigen, welche allein von der Sonne beleuchtet werden. Man hat übrigens früher (910, 913) gesehen, dass dieses Verhältniss sehr veränderlich ist.

1233. Will man die Helligkeit des Halbschattens bestimmen, so unterscheidet sich diese Rechnung durchaus nicht von derjenigen, welche bisher durch Beispiele erläutert wurde. Denn die Beschattung einer beliebigen Stelle ist nur insofern eine particielle, als die Strahlen, welche die Lichtquelle bei Abwesenheit des Hindernisses hersenden würde, zum Theil aufgefangen werden; hierdurch ist der leuchtende Gegenstand nicht mehr in seiner ganzen Ausdehnung sichtbar, sondern wird zum Theil bedeckt. Dieser bedeckte Theil ist als nicht vorhanden zu betrachten, und man findet daher die Helligkeit des Halbschattens, wenn man die Beleuchtung bestimmt, welche dem nicht bedeckten Theil entspricht. Hieraus folgt also, dass auf diese Weise das Problem auf eine Aufgabe der directen Beleuchtung reducirt ist. Hierfür ein wichtiges Beispiel.

1234. Man bestimme die Helligkeit des Halbschattens, welcher bei einer Mondfinsterniss auftritt. S sei die Sonne, AB der Durchmesser derselben, TDV die Erde, PQ die Mondbahn. [544] Zieht man dann die Axe SDC und die Tangenten ATC, BVC, AVQ, BTP, so ist ACB der Schattenkegel, NO der Durchmesser des Kernschattens und PQ der Durchmesser des Halbschattens PQK. Ferner ist ATB der scheinbare Durchmesser der Sonne, von der Erde aus gesehen, TQV der scheinbare Durchmesser der Erde, vom Mond aus gesehen, oder die doppelte Horizontalparallaxe des Mondes. Es ist aber

$$PTQ = TQV + ATB + TAV$$
$$ATB = PTN,$$

also wird, wenn man den Winkel TAV vernachlässigt,

$$PTQ = TQV + PTN.$$

Mithin ist der Durchmesser des Halbschattens gleich der Summe des Erddurchmessers, vom Mond aus gesehen, und des scheinbaren Sonnendurchmessers. Ferner ist der Winkel PTN die

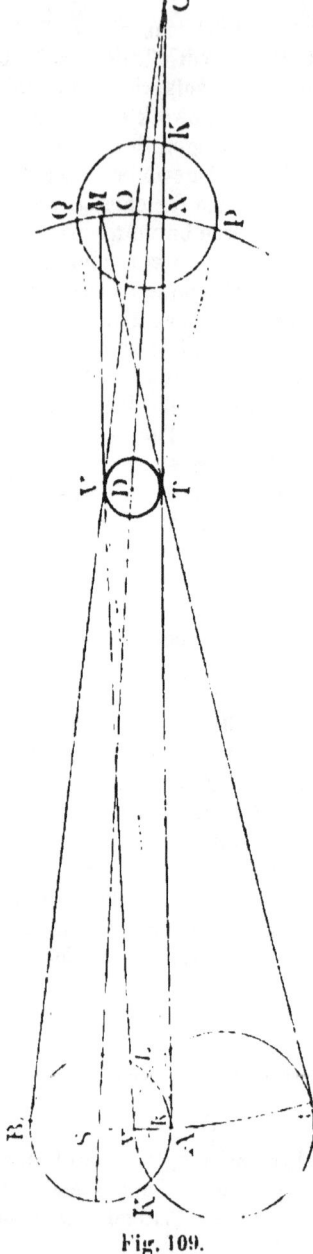

Fig. 109.

Differenz der Halbmesser des Kernschattens und des Halbschattens, und zwar ist er gleich dem scheinbaren Durchmesser der Sonne.

1235. Ist nun M ein Punkt der Mondoberfläche, und zieht man die Tangenten MTt und MVv, so stellt tv die Erdscheibe dar, und zwar vom Mond aus gesehen und auf die Sonnenscheibe projicirt; die Lunula BSv ist derjenige Theil der Sonnenscheibe, von welchem Strahlen nach M gelangen, während der linsenförmige Theil Av derjenige ist, welcher durch die Erde bedeckt wird und für das Auge eines Beobachters in M unsichtbar ist. Es ist aber

$$MVQ = AVv.$$

Daher ist der Elongationswinkel zwischen dem Punkte M und dem äusseren Ende Q des Halbschattens gleich der scheinbaren Breite des bedeckten Theiles Av.

1236. Nun verhält sich aber die Menge des in M auffallenden Lichtes wie der Flächeninhalt des nicht bedeckten Theiles der Sonnenscheibe oder wie die Lunula BSv; und es lässt sich ein Mittelwerth für dieselbe auf folgende Weise bestimmen.

1237. Man theile den Durchmesser AB der Sonnenscheibe in 12 gleiche Theile oder Zolle; dann [545] sieht man sofort, dass die Differenz PN oder OQ zwischen den beiden Halbmessern des Schattens in ebensoviel Theile zu theilen ist, und es enthält MQ ebensoviel Zoll, wie die Breite Av des bedeckten Theiles der Sonne.

1238. Ferner setze man den Inhalt der Sonnenscheibe $= 1$ und bezeichne die Helligkeit des Punktes M gleichfalls als Einheit für den Fall, dass derselbe nicht beschattet, und dass kein Theil der Sonnenscheibe bedeckt ist.

1239. Ist nun

so wird

der Durchmesser der Erde $tMv = 1°52'$
der Sonne $ATB = 0\ 32$,

der Durchmesser des Halbschattens $PTQ = 2°24'$
des Kernschattens $= 1\ 20$,

mithin ist

$$vt : AB = 7 : 2.$$

1240. Zieht man die gemeinsame Sehne KL, so wird KvL das Segment der Erdscheibe, KAL das Segment der Sonnenscheibe, und die Summe von beiden ist gleich dem bedeckten Theil der Sonne. Aus dem angenommenen Inhalt des Kreises KBL, dem Verhältniss der Durchmesser AB, tv und aus der Breite Av findet man also den Flächeninhalt $AKvL$. Derselbe ist für jeden einzelnen Zoll der Länge von Av oder MQ in der folgenden Tabelle dargestellt: [546]

Bv und OM in Zollen:	Flächeninhalt $AKvL$ oder Helligkeit des Halbschattens:	Av oder QM in Zollen:
0	0.000	12
1	0.029	11
2	0.082	10
3	0.149	9
4	0.239	8
5	0.339	7
6	0.437	6
7	0.542	5
8	0.655	4
9	0.759	3
10	0.864	2
11	0.949	1
12	1.000	0

1241. Theilt man also die Differenz OQ der Breite beider Schatten in zwölf gleiche Theile (1237), so ergibt sich mit Hilfe dieser Tabelle für jeden beliebigen Punkt M der Mondscheibe die Helligkeit des Halbschattens. Man muss aber bemerken, dass die Schatten NO und PQ nicht diejenigen sind, welche beobachtet werden, sondern nur diejenigen, welche die Berechnung der Mondfinsterniss ergibt. Denn es lässt sich leicht zeigen, dass beide nothwendigerweise von einander verschieden sein müssen.

1242. Man sieht nämlich aus der vorigen Tabelle, dass der Anfang des Halbschattens oder diejenigen Stellen, welche dem Rande QP näher liegen, sich an Helligkeit nur äusserst wenig von der voll erleuchteten Mondscheibe unterscheiden, so dass das Auge einen Unterschied überhaupt nicht wahrzunehmen vermag (265 fgde.). Daher sind die beiden Grenzen des Halbschattens scheinbar nicht so weit von einander entfernt, wie sie es in Wirklichkeit sind.

[547] 1243. Ferner ist der Halbschatten in O und N dem Kernschatten so sehr ähnlich, dass das Auge den Anfang des vollen Schattens nicht zu erkennen vermag (270), gleichgiltig ob sich der letztere als vollkommene Finsterniss darstellt oder ob das durch die Atmosphäre gebrochene Licht auftritt. Daher wird nothwendigerweise ein gewisser Theil des Halbschattens mit zum Kernschatten gerechnet; wollte man also aus diesen Beobachtungen den Durchmesser der Erdatmosphäre, so weit diese den Mond verfinstert, bestimmen, so würde man denselben viel zu gross finden. Wenn man annimmt, dass das Auge diejenigen Helligkeiten als gleich betrachtet, welche um ein Dreissigstel ihres Betrags verschieden sind, so ergibt sich aus der Tabelle § 1240, dass $OM = 1$ Zoll ist, und setzt man den Durchmesser der Sonne $= 32'$, so werden einem Zoll $2\frac{2}{3}'$ entsprechen. Nun ist aber der scheinbare Erdhalbmesser $te = 56'$. Mithin wird, wenn man den Halbschatten bis zu einer Helligkeit $= \frac{1}{30}$ mit zum Kernschatten rechnet, hierdurch der Halbmesser der Erde um den Theil $2\frac{2}{3} : 56 = \frac{1}{21}$ seines Betrags vergrössert. Uebrigens kann man Alles, was hier kurz über die Begrenzung des Schattens bemerkt wurde, bei Gelegenheit der Beobachtung von Verfinsterungen genauer studiren.

Anmerkungen.

I. Allgemeines.

Lamberts Leben und Schriften. *Johann Heinrich Lambert* wurde am 26. August 1728 zu Mülhausen im Elsass als Sohn eines Schneiders geboren. Seinen Anlagen und seinem Wissensdrang wurden von frühester Zeit her Schwierigkeiten in den Weg gestellt, die einen anderen erstickt hätten. Erst auf das eindringliche Zureden der Lehrer gestatteten endlich die Eltern, dass der Sohn zum geistlichen Stand ausgebildet werden sollte. Da aber eine Unterstützung von Seiten der Obrigkeit der Stadt nicht verwilligt wurde, so musste der Plan aufgegeben werden und der Knabe wurde gezwungen, das Schneiderhandwerk zu erlernen. Dabei las er an bildenden Schriften, was er sich verschaffen konnte, und lenkte bald die Aufmerksamkeit tüchtiger Männer auf sich, die ihm unentgeltlich Privatunterricht ertheilten. Da er sich überdies für das Handwerk nicht brauchbar zeigte, so suchte er einigen Erwerb in der Kanzlei eines Stadtschreibers. So schrieb er auch einst für *Rousseau* Noten ab. In seinem fünfzehnten Jahr wurde er Buchhalter bei *Lalance von Mümpelgard* und zwei Jahre später kam er zum Professor der Rechte *Iselin* zu *Basel*, welcher ihm den halben Tag zum Studiren frei liess. Diese Zeit benutzte *Lambert*, sich Kenntnisse in den Rechten anzueignen und namentlich philosophische Werke zu studiren. Von *Iselin* wurde er an den Grafen *Peter von Salis* in *Chur* empfohlen als Erzieher seines Enkels und zwei anderer Verwandten, deren einer der Vater des nachmaligen Dichters *v. Salis-Seewis* wurde. In diese Zeit des Aufenthalts in *Chur*, vom 17. Juli 1748 bis 1. October 1756, wohl die glücklichste Zeit seines Lebens, fällt seine wissenschaftliche Ausbildung. Seit dem Herbst 1756 begleitete er zwei seiner Zöglinge auf die Universität und auf wissenschaftliche Reisen, zunächst nach

Göttingen, im folgenden Jahre nach *Utrecht*, machte inzwischen selbst zahlreiche kleinere Reisen, liess 1758 im Haag sein erstes Werk »*sur la route de la lumière*« drucken, besuchte dann mit seinen Zöglingen *Paris*, wo er *d'Alembert* kennen lernte, und kehrte nach kurzem Aufenthalt in verschiedenen französischen Städten 1759 nach *Chur* zurück.

Im Mai 1759 ging er nach *Zürich*, wo er sein Werk über die *freie Perspective* drucken liess, besuchte seine Mutter in *Mülhausen*, ging nach *Augsburg*, wo er die letzte Hand an die *Photometria* legte, und trat mit der in *München* sich bildenden kurfürstlich bayerischen Academie in Beziehungen, die sich aber bald lösten, da *Lambert* ständigen Aufenthalt in München zu nehmen sich weigerte. In dieser Zeit arbeitete er namentlich an seiner *Architectonik* und liess 1761 seine Abhandlung über den *Lauf der Cometen* und seine *kosmologischen Briefe* erscheinen. Er ging nach *Erlangen*, nach *Chur*, wieder nach *Zürich*, dann wieder längere Zeit (Sommer 1762 bis Herbst 1763) nach *Chur*, und nochmals nach *Augsburg*. Im Winter 1763 auf 64 ging er nach *Leipzig*, wo er sein *Neues Organon* erscheinen liess und langte im Februar 1764 in *Berlin* an.

Das Ziel seiner Reise war Russland. Da die *Petersburger* Academie Lust zeigte, ihn an sich zu ziehen, so kostete es seinen *Berliner* Freunden, insbesondere dem bekannten *Sulzer*, viele Mühe, ihn zu halten. Dies gelang und am 9. Januar 1765 trat er als ordentliches Mitglied bei der physikalischen Classe der *Berliner* Academie ein mit einem Gehalte von 500 Reichsthalern, welcher sich später auf 1100 Thaler erhöhte, als ihm unter dem Titel eines *Oberbaurathes* die Oberaufsicht über die Landesverbesserungen und das Landbauwesen übertragen wurde. Diese Stellung liess ihm vollkommen freie Zeit zu seinen wissenschaftlichen Arbeiten, beanspruchte ihn nur zu Gutachten und solchen Ausarbeitungen, die ihn selbst wissenschaftlich interessirten, und bot ihm die stets gern ergriffene Gelegenheit, jungen Talenten förderlich zu sein. Dazu kam der Verkehr mit den ersten Gelehrten Berlins; ausser mit *Sulzer* war er eng befreundet mit *Mendelssohn*, ferner stand er in regem wissenschaftlichen Verkehr mit *Euler* und *Lagrange*, ebenso mit *Bode*, der ihm seine Berufung an die Berliner Sternwarte verdankte und in ihm vielfache Unterstützung fand.

Lambert's Gesundheit war durch übermässiges Arbeiten untergraben, als er im Jahre 1775 von einem heftigen Schnupfen befallen wurde, der schliesslich in Schwindsucht überging. Er trotzte dem Uebel mit aller Kraft, wohnte noch am 18. September

1777 einer Academiesitzung bei und war thätig bis zum 25. desselben Monats, wo ein Schlagfluss sein Leben beendigte. Ein *Denkmal* in Berlin kam nicht zu Stande; dagegen hat seine Vaterstadt *Mülhausen* gelegentlich der Säcularfeier seines Geburtstages eine *Gedenksäule* errichtet auf dem Platze vor seinem *Geburtshaus*, welcher seitdem *Lambertsplatz* heisst; ebenso wurde an dem Hause eine Inschrift angebracht. Diese Erinnerungszeichen bestehen noch; doch ist die Säule in den sechziger Jahren wegen baulicher Veränderungen vor die Zeichenschule an der Belforter Vorstadtstrasse versetzt worden. Seit einigen Jahren trägt auch der *Lambert-Staden* seinen Namen. Die beste Quelle, sowie authentische Nachweise über seine Biographie sind enthalten in der Schrift »*Johann Heinrich Lambert nach seinem Leben und Wirken. Herausgegeben von Daniel Huber, Basel 1829.*

Lambert's Charakter und Gemüth wird von Allen als durchaus edel gerühmt. Gerade und ohne Falsch, ein Feind der Satire, niemals mürrischer Laune, war er stets ernsthaft bemüht, gerecht zu sein gegen andere, auch wenn es ihm Selbstverleugnung kostete. Ebenso energisch wusste er aber auch auf seinem Rechte zu bestehen. Seine geistvolle Physiognomie soll die erste gewesen sein, welche *Lavater* zu den bekannten Studien anregte. Sein Aeusseres war auffallend durch seinen komischen Geschmack und seine Gleichgiltigkeit gegen das Urtheil der Umgebenden. So zeugt auch seine Handlungsweise oft von geradezu kindlicher Naivetät, wie durch zahlreiche Anekdoten bestätigt wird. Er war fortwährend mit Problemen beschäftigt und knüpfte bei jeder Gelegenheit an jeden Gegenstand mathematische Aufgaben. Seine Gespräche waren ununterbrochen fliessende Abhandlungen.

Lambert war Autodidakt und hatte als solcher einen grossen Theil seiner Kenntnisse aus sich selbst geschöpft. Daher die vielgerühmte *Originalität* seiner Schriften. Hier ist wohl auch zum Theil die Ursache zu suchen für die *Weitläufigkeit*, mit der er sich oft über Dinge ausspricht, deren Klarlegung ihm selbst wohl einige Mühe gemacht hatte, die dem schulmässig gebildeten Fachmann dagegen längst geläufig waren. Da er bei der Untersuchung eines Gegenstandes planmässig zu Werke ging und einfach nach einem festen, selbstentworfenen Schema arbeitete (auseinandergesetzt: Lambert's gelehrter Briefwechsel, Bd. 1., Briefe an Kant, dritter Brief), so pflegt seine Behandlung die verschiedenen Seiten des Gegenstandes zu *erschöpfen*, aber eben deshalb verfällt er nicht selten in einen *Formalismus*, der bisweilen sogar in Pedanterie übergeht.

An dem Gegenstand, den er betrachtet, interessirt ihn vor Allem und fast ausschliesslich das *Allgemeine* und das Gesetz, welches den Erscheinungen zu Grunde liegt. Dagegen betrachtet er die Zahlenwerthe, welche den Verlauf der Naturerscheinungen charakterisiren, lediglich als Beispiele. Daher rührt die *Nachlässigkeit in seinen experimentellen Untersuchungen*. Beispielsweise besteht der ganze Instrumentenvorrath, mit Hilfe dessen die Photometrie aufgebaut ist, lediglich aus drei kleinen Spiegeln, zwei Linsen, ein paar Glasplatten und einem Prisma, und es verdient die Geschicklichkeit Anerkennung, wie er diesen kleinen rohen Instrumentenvorrath seinen vielseitigen Zwecken dienstbar zu machen weiss. Sogar noch in Berlin, wo ihm die besten Instrumente zur Verfügung standen, pflegte er immer noch hartnäckig an seinen früheren Hilfsmitteln festzuhalten.

Bewundernswerth ist die *Vielseitigkeit Lambert's* und seine Productivität. Auf zwei wesentlich verschiedenen Gebieten, einerseits auf dem der Philosophie, andererseits auf dem der Mathematik, Physik und Astronomie, hat er sich bleibende Verdienste erworben, und ebenso in verschiedenen solchen Zweigen der Technik, welche mit der Mathematik in Zusammenhang stehen, wie denn überhaupt die Anwendung der Mathematik der Grundzug seines wissenschaftlichen Charakters ist. Dabei war er ein tüchtiger Kenner der Geschichte, schrieb Anmerkungen zu den Pandekten, hatte es als Autodidakt in der lateinischen, griechischen, französischen und italienischen Sprache zu einer gewissen Vollkommenheit gebracht, und pflegte zeitweilig auch chemische Studien. Nicht weniger als sechzehn selbstständige Werke hat er selbst herausgegeben, und fünf weitere kamen nach seinem Tode zur Veröffentlichung. Die Memoiren der *Berliner Academie* enthalten von ihm 54 Abhandlungen, die Schriften der *Münchener Academie* 2, die *Acta Helvetica* 7. 50 Aufsätze sind enthalten im *Berliner astronomischen Jahrbuch*, zu dessen Gründung er den eigentlichen Impuls gegeben hatte, 6 Aufsätze in den Leipziger *Nova acta eruditorum*, 7 im Leipziger *Magazin für reine und angewandte Mathematik*, 6 im *Archiv der reinen und angewandten Mathematik, herausgegeben von Hindenburg*. Daneben führte er eine umfangreiche wissenschaftliche Correspondenz, welche von *Johann Bernoulli* herausgegeben wurde unter dem Titel: *Deutscher gelehrter Briefwechsel*, Berlin 1782 bis 1784. 5 Bände. In der That arbeitete *Lambert* sehr rasch. So schreibt er z. B. in einem Briefe vom 4. März 1777, dass er an der *Pyrometrie* seit 1756 wenig gearbeitet und noch gar nichts »ins Reine gebracht« habe. Und doch war bei seinem Tode am 25. September das Werk, welches einen grossen Quartband von 360 Seiten umfasst, bereits dem Verleger übergeben. Freilich steht hiermit die *Flüchtigkeit* in der äusseren Form seiner Schriften in Zusammenhang.

Es sollen nun die wichtigsten *Schriften Lambert*'s namhaft gemacht werden.

Auf dem Gebiet der Philosophie arbeitete Lambert mit dem Bestreben, hier die Formen der Mathematik einzuführen und eine exacte Beweisführung zur Geltung zu bringen. *Kant* hielt ihn unter den Zeitgenossen für den bedeutendsten. Einer bestimmten Schule gehörte er nicht an, auch nicht der damals blühenden *Wolf*'schen. Die Hauptwerke sind:

1. *Neues Organon, oder Gedanken über die Erforschung und Bezeichnung des Wahren und dessen Unterscheidung vom Irrthum und Schein.* Leipzig 1764. 2 Bde. Das Werk ist eine Bearbeitung der Logik in vollständig neuer Gestalt. Der erste Theil behandelt das eigentliche Gebiet der gewöhnlichen Logik, der zweite handelt von den Kriterien der Wahrheit, der dritte von der Bezeichnung der Gedanken durch die Sprache (Sprachphilosophie), der vierte vom Schein.

2. *Architectonik oder Theorie des Einfachen und Ersten in der philosophischen und mathematischen Erkenntniss.* Riga 1771. 2 Bde.

Ausserdem hat sich Lambert mit dem Problem der *Begriffsschrift* viel beschäftigt. Doch hat er ein Werk darüber nicht hinterlassen und seine Aufzeichnungen sollen zu fragmentarisch sein.

Die mathematischen Untersuchungen sind zum Theil enthalten in: *Beiträge zum Gebrauche der Mathematik und deren Anwendung.* 3 Theile in 4 Bänden. Berlin 1765, 1770, 1772. Aus dem ersten Theile sei erwähnt die Theorie der Zuverlässigkeit der Beobachtungen und Versuche, aus dem zweiten Theil: die Lehre von den Theilern der Zahlen, die Tetragonometrie, die Bemerkungen über die Auflösung der Gleichungen, über die Quadratur und Rectification der krummen Linien und die *Gedanken über die Grundlehren des Gleichgewichts und der Bewegung*, aus dem dritten Theil: die Bemerkungen über die Interpolationslehre und über die Sterblichkeitstabellen.

Grössere Bedeutung haben die Abhandlungen erlangt über die Theorie des *Augenmaasses*, der *freien* (Linear-) *Perspective*, der *Luftperspective* und besonders über die *Kartenprojection*. Genannt seien ferner die *Zusätze zu den logarithmischen und trigonometrischen Tabellen*, Berlin 1770, die *Beschreibung der logarithmischen Rechenstäbe*, Augsburg 1761, die Anmerkungen über die Gewalt des Schiesspulvers, ebenso mehrere Abhandlungen über Wasser- und Windmühlen.

Die Schriften zur **Physik** kommen zum Theil im Folgenden ausführlicher zur Sprache. Ausser der *Photometria*, der *Pyrometrie* (Lehre von der Wärme) und den *propriétés de la route de la lumière* sollen hier nur erwähnt werden seine Untersuchungen über die *Gestalt der Sprachröhre*, die *Flöten*, den *Klang elastischer Körper*, die *jährlichen Schwankungen des Barometers*, die *Hygrometrie* und die *Farbenpyramide*, welche Lambert zuerst construirte.

Die bedeutendsten Verdienste *Lambert's* liegen aber wohl auf dem Gebiete der **Astronomie**, und sein massgebender Antheil an der Gründung des *Berliner astronomischen Jahrbuches* wurde schon erwähnt. Unter den zahlreichen hier, sowie anderwärts veröffentlichten Aufsätzen, welche sich fast auf das ganze Gebiet der Wissenschaft erstrecken, seien diejenigen hervorgehoben, welche sich auf die Berechnung der *Finsternisse*, die *Refraction*, das *Problem der drei Körper* und die *grosse Gleichung zwischen Jupiter und Saturn* beziehen. (Lambert vermuthete die Periodicität dieser damals noch unerklärten Störung und bestimmte die Periode auf empirischem Wege zu $1015\frac{1}{2}$ Jahren). Seine Untersuchungen über den Venustrabanten sind durch ein Epigramm *Kaestner's* in weiteren Kreisen bekannt geworden. Als selbstständige Werke sind erschienen:

1. *Cosmologische Briefe über die Einrichtung des Weltbaues*. Augsburg 1761. Das Werk, schon in *Chur* entworfen, stellt die bekannte Ansicht des Verfassers dar über Constitution des Universums und wurde lange Zeit in weitesten Kreisen gern gelesen.

2. *Insigniores orbitae cometarum proprietates*. Augsbg. 1761.

Es wird kaum nöthig sein, zu bemerken, dass ein grosser Theil der Schriften *Lambert's* veraltet ist. Immerhin aber bietet ihre Lectüre, wenn man das Alterthümliche in der Form zu überwinden vermag, den Reiz der Originalität und in nicht wenigen Punkten sind die Theorien Lambert's, wenn sie auch heute

in einem anderen Gewand auftreten, im Wesen der Sache bis jetzt nicht überholt. Speciell den Astronomen bleibt *Lambert* im Gedächtniss durch 3 Sätze, welche seinen Namen tragen:
1. Das *Grundgesetz der Photometrie* (*Photometria*).
2. Der von *Euler* bereits für die *Parabel* gefundene, von *Lambert* aber neuentdeckte und auf alle *3 Kegelschnitte* ausgedehnte Satz, welcher die zu zwei verschiedenen Planetenörtern zugehörige Zwischenzeit ausdrückt durch die *halbe grosse Axe*, die *Summe der Radienvectoren* und die *Sehne* (*Insigniores orb. com. prop.*).

3) Das Kennzeichnen, nach welchem man beurtheilen kann, ob ein Komet weiter von der Sonne entfernt ist, als die Erde davon absteht. Denkt man sich durch den ersten und letzten von 3 scheinbaren Oertern einen grössten Kreis gelegt, so weicht der mittlere Ort nach der Sonne hin ab, wenn der Komet weiter entfernt ist, als die Erde. Im anderen Fall ist das Verhalten umgekehrt (Mém. de Berlin 1770).

Die Photometrie vor Lambert. Ausser einigen Abhandlungen von *Euler*, welche im Folgenden Erwähnung finden, bestand, als *Lambert* die »*Photometria*« schrieb, die ganze Litteratur über den Gegenstand aus den zwei Werken von *Smith* und von *Bouguer*.

I) Die Optik von Smith hat im Original den Titel *A compleat System of optiks. By Robert Smith. Cambridge 1738*. Eine französische Ausgabe, *cours complet d'optique*, erschienen 1767 zu Paris, und besorgt von *Pezenas*, hat zahlreiche Anmerkungen des Herausgebers, welche den Umfang des Werkes verdoppeln. Die deutsche Ausgabe ist betitelt: *Vollständiger Lehrbegriff der Optik nach Herrn Robert Smiths Englischen mit Aenderungen und Zusätzen ausgearbeitet von Abraham Gotthelf Kästner*. Altenburg 1755. Diese deutsche Ausgabe scheint *Lambert*, welcher dieselbe häufig citirt, als sein Lehrbuch der Optik benutzt und genau studirt zu haben. Wenigstens hat die *Photometria* in der Bezeichnungs- und Ausdrucksweise manche Anklänge an dieses Werk. Das erste Buch: *Die Erfahrungen*, behandelt den Gegenstand populär, das zweite Buch, die *Geometrie des Lichts*, zerfällt in die analytische Katoptrik und die analytische Dioptrik, während das dritte Buch *von der Verfertigung der optischen Werkzeuge* handelt. Von diesen drei Büchern sind das erste und das dritte zumeist mit wenigen Aenderungen einfach übersetzt, dagegen sagt *Kästner* vom zweiten Buch, dass er dasselbe nicht aus dem Englischen ins Deutsche.

sondern aus dem synthetischen Vortrag in den analytischen übersetzt habe. Von einem vierten Buch, welches von den Entdeckungen berichtet, die mit dem Fernrohr gemacht worden sind, ist so gut wie nichts aufgenommen. Man sieht also, dass ein eigener Abschnitt über Photometrie in dem Werke nicht vorkommt, und auch unter den einzelnen Kapiteln beschäftigt sich keines speciell oder auch nur vorwiegend mit diesem Gegenstand. Die photometrischen Bemerkungen finden sich vielmehr nur gelegentlich und an ganz verschiedenen Stellen eingestreut, sind aber weder an Ausdehnung noch an Qualität geeignet, den Umstand zu rechtfertigen, dass *Lambert* bei jeder Gelegenheit mit unverkennbarer Aufmerksamkeit immer wieder auf dieses Werk zurückkommt.

II) Bouguer hat zwei Werke über Photometrie hinterlassen. Von diesen hat *Lambert* bis zum Druck der *Photometria* nur das erste gekannt, nämlich den *Essai d'optique sur la gradation de la lumière. Paris 1729*. Im ersten Abschnitt, welcher von der *Messung der Lichtstärken* handelt, wird das Princip aufgestellt, dass man verschiedene Lichtintensitäten erst dann mit einander vergleichen kann, nachdem die stärkere in einem gewissen gesetzmässigen Verhältniss so weit abgeschwächt worden ist, bis sie der schwächeren gleich ist. Das Gesetz, nach welchem die Schwächung vor sich geht, ist entweder das Gesetz vom umgekehrten Quadrat der Entfernung vom natürlichen leuchtenden Punkte, oder das entsprechende Gesetz für ein Linsensystem, nämlich dass die Intensität des Zerstreuungsbildes eines leuchtenden Punktes umgekehrt proportional ist dem Quadrat der Entfernung des Auffangeschirms vom geometrischen Bildpunkt.

Der zweite Abschnitt »*de la transparence et de l'opacité*« sucht die Absorption der Lichtstrahlen zu erklären. Die gewöhnliche Ansicht der Physiker war, dass die Körper nach allen Richtungen hin Poren besitzen, um das Licht durchlassen zu können. Dieser Ansicht schliesst sich *Bouguer* nicht an, sondern meint, dass die Körper als solche das Licht durchlassen. Hierzu denkt er sich dieselben zwar auch durchhöhlt, aber nicht in so regelmässiger Weise. Schlagen nun die Aethertheilchen auf ein Theilchen des Körpers auf, so wird dasselbe in der Richtung des Lichtstrahles fortbewegt, gibt aber seine Bewegung wieder ab an diejenigen Aethertheilchen, welche in den Hohlräumen des Körpers befindlich, von jenem ersten Körpertheilchen angestossen werden. Diese Aethertheilchen stossen, in der Richtung des Lichtstrahls fortschreitend, wieder auf Körpertheilchen auf, und so wiederholt sich das Spiel, bis der Strahl den Körper durchdrungen hat. Mit dieser, wenn auch recht primitiven, Vorstellung ist die *Newton*'sche Emanationstheorie durchbrochen: denn diese *Bouguer*'sche Bewegung kommt überein mit einer räumlichen Fortpflanzung eines Impulses, während die Träger desselben ihren Platz nicht oder nur vorübergehend verlassen. — Nun hatte *Bouguer* durch Beobachtungen gefunden, dass die Lichtschwächung im arithmetischen Verhältniss des durchlaufenen Weges nicht stattfindet, und auf Grund seiner eigenen Vorstellungsweise gelangte er durch eine Ueberlegung, die allerdings nicht in bündiger Form mitgetheilt wird, zu dem gewöhnlichen Exponentialgesetz.

Im dritten Abschnitt wird eine Reihe von *Aufgaben* gelöst, die mit der *Absorption* des Lichts in Zusammenhang stehen. Man kann dieselben am einfachsten dadurch ausdrücken, dass man ihnen eine mathematische Form giebt:

Erste Aufgabe: Gegeben $e^{-a.x_0}$, gesucht $e^{-a.x}$.

Zweite Aufgabe: Gegeben $e^{-a.x_0}$, aus $e^{-a.x} = B$ ist x zu bestimmen.

Dritte Aufgabe: Gegeben ist für einen ersten Körper $e^{-a_0.x}$, und für einen zweiten $e^{-a_1.x}$;

gesucht ist die specifische Transparenz $\dfrac{a_0}{a_1}$.

Vierte Aufgabe: Vermöge der Gleichung $\dfrac{\log e^{-a.x_0} - \log e^{-a.x}}{x - x_0}$

$= \dfrac{a(x - x_0)}{x - x_0} \cdot \text{Mod} = a \cdot \text{Mod}$ wird a bestimmt.

Fünfte Aufgabe: Es wird diejenige Lichtmenge bestimmt, gegen welche das Auge unempfindlich ist. Diese Grösse ergibt sich zu

$\dfrac{1}{900\,000\,000\,000}$ des Sonnenlichts.

Im vierten Abschnitt werden ähnliche Aufgaben für nicht paralleles, also *divergentes* Licht behandelt. Ferner wird das Verhältniss der Lichtstärken bestimmt, welche von zwei verschiedenen Lichtquellen aus nach einem bestimmten Punkte E hingelangen, wenn sowohl die beiden Lichtquellen wie der beleuchtete Punkt in einem absorbirenden Medium enthalten sind.

Endlich wird der geometrische Ort für den Punkt E aufgesucht, wenn jenes Verhältniss der Lichtstärken ein constantes sein soll.

Der fünfte Abschnitt handelt von den Medien ungleichförmiger Durchsichtigkeit, und insbesondere von der *Extinction in der Atmosphäre*. Hierbei wird der Weg des Lichts *geradlinig* vorausgesetzt, dagegen auf die *Krümmung der Erde*, und mithin auch der Luftschichten, Rücksicht genommen. Mit Hilfe einer Absorptionsconstante, welche *Bouguer* durch eigene Beobachtungen bestimmt hatte, wird eine *Extinctionstafel* abgeleitet, aus welcher zur Vergleichung mit der Lambert'schen Tafel § 886 folgender Auszug mitgetheilt sei:

Licht ausserhalb der Atmosphäre:		1.0000
Höhe des Gestirns:	90°	0.8123
	80	0.8098
	70	0.8016
	60	0.7866
	50	0.7624
	40	0.7237
	30	0.6613
	20	0.5474
	10	0.3149

III) Das zweite Hauptwerk von *Bouguer*, welches man bisweilen als die zweite Auflage des vorbenannten bezeichnet, hat den Titel: *Traité d'optique sur la gradation de la lumière. Ouvrage posthume de M. Bouguer, et publié par M. l'Abbé de Lacaille*. Es erschien zu *Paris* im Jahre 1760 und ist an Inhalt wie an Umfang bedeutend reichhaltiger als das frühere Werk. *Das erste Buch* enthält dem Gegenstande nach dasjenige, was der erste Abschnitt des früheren Werkes enthielt. Auch im Princip der Behandlung der Sache ist Neues zu den dort besprochenen zwei Methoden, Lichtstärken zu messen, nicht hinzugekommen. Dagegen ist ein besonderer Werth auf die Ausführung von Versuchen und auf geschickte Variation in der Anordnung derselben gelegt. Zu den drei früheren Hauptversuchen, nämlich über den Absorptionscoefficienten des Meerwassers, über den Einfluss der Elevation auf die Helligkeit der Sterne und zu den Versuchen, welche die Vergleichung der Intensitäten der Sonne und des Vollmondes betreffen, kommen hier neu hinzu: die Bestimmung der Reflexionsfähigkeit der Spiegel, des Gypses, des Papiers, die Vergleichung zwischen der Helligkeit des heiteren Himmels und des Vollmonds und zwischen den Helligkeiten des Sonnenrandes und des Sonnencentrums.

Das dritte Buch, welches die Atmosphäre behandelt, erschöpft seinem Inhalt nach die übrigen Abschnitte des früheren Werkes. Wesentlich neu ist dagegen das ganze *zweite Buch*: *Recherches sur la quantité de lumière que réfléchissent les surfaces tant polies que brutes*. Zunächst wird die Spiegelung durch vollkommen glatte Oberflächen erörtert, und hier auch der von *Lambert* in Bezug auf seine Giltigkeitsgrenzen genau discutirte Satz oberflächlich abgeleitet, dass eine vollkommen glatte Kugel, welche von parallelem Licht getroffen wird, dasselbe so zurückwirft, wie ein leuchtender Punkt. Sodann wird ein Körper gedacht, dessen geometrische Oberfläche in ihren kleinsten Theilchen sich aus spiegelnden Hemisphären zusammensetzt, und für einen solchen Körper werden die Behauptungen aufgestellt, dass die scheinbare Fläche am Rande heller erscheinen müsse als im Centrum, und dass die Gesammtheit des zurückgeworfenen Lichts sich verhalte wie der Phasenwinkel. Die Beweise für diese Behauptungen werden, wie fast immer bei *Bouguer*, nicht erbracht. Ueber die Reflexionsfähigkeit der gewöhnlichen ebenen Spiegel für verschiedene Incidenzwinkel werden Untersuchungen angestellt, aus denen sich ergibt, dass das Verhältniss zwischen der einfallenden und der ausgestrahlten Lichtmenge nicht constant ist für alle Incidenzwinkel. Speciell für Wasser und Glas werden Tafeln mitgetheilt. — Die Zurückwerfung des Lichts durch matte Oberflächen denkt sich *Bouguer* hervorgebracht durch zahllose kleine ebene Spiegel. Dieser Gegenstand wird mit grosser Ausführlichkeit besprochen und zur Veranschaulichung wird eine Curve (oder vielmehr eine Fläche) eingeführt, die numératrice des aspérités, welche so definirt ist, dass ihre Radienvectoren ihrer Länge nach die Zahl der spiegelnden Flächen angeben, die auf der Richtung derselben senkrecht stehen. Der Verfasser vermag aber nicht, bis zu einer bestimmten concreten Beleuchtungsformel vorzudringen, und theilt schliesslich, um wenigstens etwas zu geben, eine Interpolationsformel mit. Das Beleuchtungsgesetz glaubt er hiernach durch die Formel $\cos\varepsilon - \beta \cos^m \varepsilon$ ausdrücken zu können, wo β für die Sonne positiv, für die Planeten negativ ist — weil nach *Bouguer* die Sonne am Rande dunkeler, die Planeten am Rande heller sein sollen als in der Mitte. Die mitgetheilten, durch Beobachtung bestimmten Zahlen, welche den Einfluss des Emanationswinkels auf die Lichtmenge darstellen sollen, sind unzureichend wegen der geringen Anzahl der betrachteten Emanationswinkel (die überdies den Incidenzwinkeln gleich gesetzt sind), und weil sich die Untersuchung nur auf sehr wenige Substanzen erstreckt.

Lambert's Photometrie. Es erschien nöthig, auf die Arbeiten *Bouguer's* genauer einzugehen, weil von *Zöllner* (Photometrische Untersuchungen S. 27 fgde.) der Versuch gemacht worden ist, die Verdienste *Bouguer's* um die Begründung der Photometrie gegenüber denen *Lambert's* in den Vordergrund zu stellen.

»Mit gewissenhafter Sorgfalt und scrupulöser Vorsicht werden von *Bouguer* sinnreiche Versuche angestellt, welche bei einer unerschöpflichen Ideenfülle den Ausgangspunkt für weitere Speculationen bilden, ohne dabei jedoch mehr aus den Beobachtungen zu folgern, als sich strenge genommen aus ihnen folgern lässt.« Umgekehrt wird *Lambert* gegenüber geltend gemacht, dass derselbe viel zu rasch, auf Grund weniger und schlecht begründeter Erfahrungen Theorien aufgebaut habe, welche möglicherweise den Fällen der Natur nicht entsprechen. Nun enthalten allerdings die Resultate, zu welchen eine Theorie hinführt, im Wesen der Sache durchaus nichts anderes als eben dasjenige, was man von vornherein an Voraussetzungen in dieselbe hineingetragen hatte. Der Werth der ersteren wird also durch die Güte der letzteren bestimmt. Nichtsdestoweniger macht aber gerade der Weg von den Principien bis zu den Resultaten den Inhalt einer Wissenschaft aus, und es liegt auf diesem Gebiet, ganz abgesehen von der Richtigkeit oder Unrichtigkeit der Principien, der Spielraum für die formelle Vollendung der Theorie. In diesem Sinne ist ganz allein *Lambert* als der Begründer der Photometrie zu bezeichnen. Denn wenn auch *Zöllner's* Vorwurf gerechtfertigt ist, so behält *Lambert* doch das Verdienst, die Begriffe und das System der Photometrie geschaffen zu haben. Dagegen vermag *Bouguer* in den meisten Fällen nicht, über seine allgemeinen Erwägungen hinaus zu greifbaren Resultaten vorzudringen oder auch nur seinen Vorstellungen eine solche Fassung zu geben, dass sie sich mathematisch verarbeiten liessen. Insbesondere gilt dies für die Hypothese über die Beschaffenheit zerstreut reflectirender Oberflächen, über welche *Zöllner* seine Anerkennung ausspricht, ohne zu bemerken, dass gerade hierüber *Lambert* ungleich klarere Vorstellungen besass (vgl. § 620, 622). Richtig ist es wohl, dass *Bouguer* aus seinen Beobachtungen nicht mehr schliesst, als sich mit Sicherheit schliessen lässt, aber es reducirt sich auch dasjenige, worauf er bei seinen endlosen Erwägungen hinauskommt, zu deutsch gesagt, auf Nichts. Gerade das ist aber charakteristisch für *Lambert*, dass er für jedes Problem eine bis zum Ziel gelangende mathematische Lösung zu geben weiss, wenn dies auch bisweilen nur durch eine solche Vereinfachung der Bedingungen ermöglicht wird, welche dem Resultat nur den Charakter einer rohen Annäherung beizulegen gestattet. Uebrigens wäre es verkehrt, die wissenschaftlichen Verdienste eines Mannes nach dem reciproken Werth der Anzahl seiner Irrthümer zu messen; und es ist trotz derselben das Studium der *Lambert'*schen Photometrie auch für den heutigen Astrophysiker ebenso unentbehrlich, wie für den Astronomen etwa das Studium der *Laplace'*schen Mécanique céleste. Der Herausgeber hat diese Gelegenheit, *Lambert's* Verdienste hervorzuheben, um so lieber benutzt, je mehr sich im Folgenden Gelegenheit zur Kritik bieten wird. Gleichzeitig sollte gezeigt werden, welch geringes Maass von Vorarbeiten in dem Sinne vorlag, in welchem *Lambert* die Photometrie ausgebaut hat.

Als *Lambert* seine Photometrie schrieb, beschränkte sich das gesammte Gebiet der schulmässigen Lehre vom Licht auf die geometrische Optik. Hierzu sollte nun die Photometrie den zweiten Theil der Optik bilden (vgl. § 17). In der That kann man viele Zweige der heutigen theoretischen Optik dem Effect nach als eine auf die Principien der Wellenlehre begründete Photometrie ansehen, und *Lambert* behandelt in seiner einfachen Weise mehrere der Fragen, welche nur mit Hilfe der neueren Undulationstheorie beantwortet werden können. Da also die Hauptaufgabe des Werkes in das Gebiet der Optik fällt, so erklärt sich hieraus ein Theil derjenigen weiteren Ausführungen, welche im Grunde nichts anderes als behagliche theoretische Plaudereien sind, die aber dem modernen Leser, der die astrophysikalische Anwendung im Auge hat, sozusagen als Spielereien erscheinen müssen. *Lambert* selbst hat an eine Astrophysik nicht gedacht, und die astronomischen Anwendungen der letzten Theile sind lediglich als Beispiele anzusehen.

Die *Lambert'*sche Photometrie umfasst dem *Inhalt* nach das gesammte Gebiet der Photometrie in der Weise, dass es unter den seit jener Zeit bis zur Gegenwart aufgeworfenen und behandelten Fragen nur sehr wenige gibt, welche durch *Lambert* nicht schon erörtert oder wenigstens berührt worden wären. Was die *Form* anbelangt, so hat dem Werk ohne Zweifel die ungebührliche Breite geschadet, mit welcher die gewöhnlichsten Dinge auseinandergesetzt werden. Die rein mathematischen Entwickelungen sind zwar meistens präcis und auch elegant durchgeführt, doch ist die kleinliche Discussion der aufgestellten Lehrsätze ermüdend, ebenso wie die zahlreichen geometrischen Deutungen, die sich jedem von selbst bieten müssen und zur Förderung der Sache nichts beitragen. Keineswegs soll aber die Geschicklichkeit verkannt werden, mit welcher der Verfasser die geometrische Construction zu verwenden weiss, um schwierigere Aufgaben durch graphische Darstellungen zu lösen, und auf diese Weise lange Zahlentabellen zu vermeiden. Einen so sinnreichen und ausgedehnten Gebrauch, wie *Lambert* es hier und in seinen anderen Werken thut, hatte bis dahin niemand von der geometrischen Construction zu machen gewusst. Der lateinische Stil *Lambert's* ist ohne Zweifel besser als die durchschnittliche Schreibweise anderer Autoren seines Faches. Seine Ausdrucksweise und sein Satzbau sind gewandt, und beachtenswerth ist die Kürze, mit welcher er oft die Termini technici seiner Wissenschaft in der todten Sprache leicht verständlich wiederzugeben weiss. Verschiedene grammatische Fehler und einige grobe Germanismen (z. B. *dantur*, es gibt, *locum habere*, statthaben, *assumere*, annehmen = den Fall setzen), welch' letztere der kurzen Deutlichkeit wegen fast beabsichtigt scheinen, fallen gegenüber der im übrigen leicht verständlichen Ausdrucksweise wenig ins Gewicht.

Der vollständige Titel des Werkes lautet

J. H. Lambert

Academiae scientiarum electoralis Boicae et societatis physicomedicae Basiliensis membri, regiae societati scientiarum Goetingensi commercio literario adjuncti

Photometria

sive

de

mensura et gradibus

luminis

colorum et umbrae.

(Vignette)

Augustae Vindelicorum,

Sumptibus viduae Eberhardi Klett

Typis Christophori Petri Detleffsen.

MDCCLX.

Die Photometrie nach Lambert. Das Werk *Lambert's* und mit ihm die Photometrie überhaupt geriethen bald wieder in Vergessenheit, welche um so länger andauerte, als seit dem

Anfang des Jahrhunderts die Optik in der neu auflebenden Wellentheorie ein Gebiet gefunden hatte, welches sich ungleich fruchtbarer erwies, als es die Photometrie in dem *Lambert*'schen Sinne war.

Den ersten Anstoss, auch die Photometrie wieder zur Geltung zu bringen, gab wohl das Werk von *Steinheil: Elemente der Helligkeitsmessungen am Sternenhimmel* (Abhandlungen der mathematisch-physikalischen Classe der Königl. Bayerischen Academie der Wissenschaften, 2. Band). Den Hauptinhalt der Abhandlung bildet zwar nur die Beschreibung des von *Steinheil* erfundenen *Prismenphotometers*. Aber die Darstellung ist in einer solchen Weise exact, dass sie auffordern musste zu einer weiteren wissenschaftlichen Verwendung des Apparates. Beispielsweise werden bereits hier die Helligkeitsverhältnisse der Grössenklassen der Fixsterne genau in der Weise erörtert, wie sie durch das später von *Fechner* aufgestellte psychophysische Gesetz gefordert wird.

Doch beginnt der eigentliche Aufschwung erst, seitdem *Seidel* das Steinheil'sche Instrument thatsächlich zu astrophotometrischen Messungen verwendet hatte. Da sich später Gelegenheit bietet, die Leistungen der zahlreichen anderen Forscher und Beobachter zu erwähnen, welche im Laufe der Zeit zur Förderung des Gegenstandes beigetragen haben, so seien hier nur diejenigen drei Namen hervorgehoben, an welche sich ein wesentlicher innerer Fortschritt der Wissenschaft geknüpft hat.

I. Seidel's Arbeiten zeichnen sich vorzugsweise durch ihren *systematischen Charakter* und durch ihre *Exactheit* aus: in der *ersteren* Hinsicht u. A., sofern die *Lambert*'sche Theorie in einheitlicher Weise wieder zur Geltung gebracht wurde, was man sich gegenüber der bis dahin herrschenden Principlosigkeit vor Augen halten muss, und in *zweiter* Linie, sofern man heute noch fortwährend auf die musterhaften *Seidel*'schen Messungen zurückzukommen genöthigt ist. *Seidel*'s Arbeiten umspannen fast das ganze Gebiet, welches von der grössten Zahl der späteren Beobachter mit Vorliebe gepflegt worden ist.

In der *ersten* Abhandlung: *Untersuchungen über die gegenseitigen Helligkeiten der Fixsterne erster Grösse und über die Extinction des Lichtes in der Atmosphäre* (Abhandlungen der mathematisch-physikalischen Classe der Königl. Bayerischen Academie der Wissenschaften, 6. Bd., 3. Abtheilung, München 1852) ist das Hauptgewicht auf die Vorfrage aller photometrischen Messungen gelegt, nämlich die Extinction; die

Helligkeitsbestimmung der Fixsterne 1. Grösse erscheint mehr als Nebenresultat. Anhangsweise werden die bis dahin bekannten Vergleichungen aufgezählt einerseits zwischen der Lichtstärke der Sonne und der des Vollmondes, andererseits der des Vollmondes und der Sterne. Bereits hier wird wiederholt auf die Lambert'sche Theorie als Norm hingewiesen.

Die *zweite* Abhandlung: *Untersuchungen über die Lichtstärke der Planeten Venus, Mars, Jupiter und Saturn, verglichen mit Sternen, und über die relative Weisse ihrer Oberflächen. Nebst einem Anhange, enthaltend die Theorie der Lichterscheinung des Saturn.* (Monumenta saecularia der Königl. Bayerischen Academie der Wissenschaften. München 1859 ist dem Inhalt nach durch den Titel genügend gekennzeichnet.)

Die *dritte* Abhandlung: *Resultate photometrischer Messungen an 208 der vorzüglichsten Fixsterne* (Abhandlungen der K. Bayer. Ac. d. Wissensch., 9. Bd., 3. Abtheilung, München 1863) hat das Ziel, einen photometrischen Helligkeitskatalog zu liefern. Dabei ergibt sich eine zweite Extinctionstafel. Man vergl. auch § 2, wo die seit *Seidel* übliche Ausgleichung der Beobachtungen durch die Helligkeitslogarithmen besprochen wird.

II. Zöllner. Die Abhandlung: *Grundzüge einer allgemeinen Photometrie des Himmels, Berlin 1861* hat den Inhalt 1) die Beschreibung des von Zöllner erfundenen *Polarisationsphotometers* nebst Auseinandersetzungen über die Methoden, Beobachtungen mit diesem Instrument anzustellen und dieselben zu reduciren, 2) die Ableitung eines *Helligkeitskatalogs* von Fixsternen.

Das Hauptwerk *Zöllners: Photometrische Untersuchungen mit besonderer Rücksicht auf die physische Beschaffenheit der Himmelskörper, Leipzig 1865* ist dasjenige, durch welches, wenigstens in der Idee, die Astrophysik geschaffen worden ist, welche vorläufig in zwei Hauptzweige, die Photometrie und die Spectralanalyse zerfällt. Das Werk enthält vier Theile: 1) *Vergleichende Kritik von Lambert's und Bouguer's Principien der Photometrie*. Nach einer Kritik der verschiedenen Beweise für das Emanationsgesetz Lambert's bei selbstleuchtenden Körpern gelangt der Verfasser zu einem strengen Beweis, der dann auch auf nicht-selbstleuchtende Körper ausgedehnt wird, sofern bei ihnen die Oberflächenspiegelung keine Rolle spielt. 2) *Theorie der relativen Lichtstärke der Mondphasen:* Hier wird die

Annahme gemacht, dass auf jedes Element der Mondoberfläche das Lambert'sche Grundgesetz anwendbar sei, und dann werden die Modificationen untersucht, welche veranlasst werden durch die *ellipsoidische Gestalt* und durch die *Bodenerhebungen auf der Oberfläche*. 3) *Methode und Resultate der Beobachtungen:* Auf eine Besprechung der Beobachtungsmethoden mit dem bereits erwähnten und mit einem zweiten, etwas anders construirten, im Princip aber nicht wesentlich abweichenden Photometer folgt die Behandlung der Hauptaufgabe: die Lichtstärke der Sonne zu vergleichen sowohl mit derjenigen des Mondes, wie auch direct mit derjenigen der Planeten und der Fixsterne. Diese Aufgabe war bis dahin indirect behandelt worden, indem man die Sonne mit dem Mond, diesen mit den Sternen verglich. Das Ziel dieser Untersuchung ist die Bestimmung der absoluten Beträge der Albedo der Planeten. Der vierte Theil: 4) *Ueber die physische Beschaffenheit der Himmelskörper* zieht nun aus diesen Resultaten die Consequenzen, indem die Albedo der Planeten mit derjenigen von irdischen Substanzen verglichen wird, woraus sich Folgerungen über die physicalische Oberflächenbeschaffenheit der Planeten ergeben sollen, Consequenzen, welche *Seidel* vermieden hatte, dadurch, dass er wegen der Unsicherheit der Vergleichung so wesentlich verschiedener Lichtintensitäten bei den relativen Albedowerthen stehen geblieben war. Hier finden sich auch die Reflexionen über die Entwickelungs- oder vielmehr Untergangsgeschichte der Fixsterne und der Planeten, über die veränderlichen Sterne u. s. w., wie denn überhaupt dieser geistreich geschriebene Abschnitt derjenige ist, welcher zu den grossen Hoffnungen Veranlassung gegeben hat, die den Aufschwung der Astrophysik herbeigeführt haben. Man kann die Tendenz von *Zöllner's* Untersuchung durch seine eigenen Worte so ausdrücken (S. 28), *dass die Helligkeitsveränderungen, welche eine zerstreut reflectirende Oberfläche bei verschiedenen Incidenz- und Emanationswinkeln des ein- und austretenden Lichtes zeigt, ganz charakteristisch für die Natur und physikalische Beschaffenheit jener Oberflächen sein müssen*. Und ebenso (S. 205): *Es ist demnach die Möglichkeit wissenschaftlicher Untersuchungen gegeben, welche sich auf die physische Beschaffenheit von Körpern beziehen, deren Dasein uns, im Gegensatze zu den Körpern unserer Erde, lediglich durch gewisse Wirkungen aus der Ferne bekannt ist.*

III. Wesentliche Umgestaltungen hat die Photometrie erfahren, seitdem sich Seeliger diesem Gebiete zugewandt hat.

Seine Schriften sind theils *kritisch-destructiver Tendenz*, theils bezwecken sie die *Ausbildung des photometrischen Calcüls*, theils endlich liegen sie im Sinne des *Zöllner'schen Programmes*, das allerdings in wesentlich anderer Art, als es von seinem Urheber gedacht war, zur Ausführung kommt. Genannt seien hier nur drei Abhandlungen: 1) *Bemerkungen zu Zöllner's »photometrischen Untersuchungen«* (Vierteljahrsschrift der Astronomischen Gesellschaft, 21. Jahrgang, 1886, S. 216 fgde.). 2) *Zur Photometrie zerstreut reflectirender Substanzen* (*Sitzungsberichte* der mathematisch-physikalischen Classe der K. Bayer. Acad. d. Wiss. 1888, Heft 2, S. 201). 3) *Zur Theorie der Beleuchtung der grossen Planeten, insbesondere des Saturn* (*Abhandlungen* der K. Bayer. Academie der Wiss. 2. Classe, 16. Bd., 2. Abth., München 1887, S. 405 fgde.). Die letztgenannte Schrift ist als Hauptwerk zu betrachten.

Die Kritik richtet sich zunächst gegen das *Lambert*'sche Grundgesetz, soweit es sich auf nicht-selbstleuchtende Körper bezieht. Anstatt desselben wird ein neues aufgestellt, welches auf einer consequenten Durchführung des von *Zöllner* angeregten Gedankenganges beruht. Es wird ferner die *Zöllner*'sche Theorie der Lichtstärken der Mondphasen vollständig vernichtet, indem von den zwei erwähnten Erörterungen der *Zöllner*'schen Phasentheorie die eine als nichtssagend, die andere als mathematisch fehlerhaft nachgewiesen wird. Da der Albedobegriff, wie gezeigt wird, in Abhängigkeit steht vom gewählten Grundgesetz, so ergeben sich auch die von *Zöllner* auf die gefundenen Albedowerthe gegründeten Schlüsse als hinfällig. Von diesen Erörterungen, welche den Gegenstand der Abhandlung 1) bilden, werden einige in der Abhandlung 2) weiter ausgeführt; doch enthält die letztere dem Hauptinhalt nach *experimentelle* Studien über das Grundgesetz. Dagegen erhält die photometrische *Theorie* eine bedeutende Vervollständigung durch die Ableitung der Beleuchtungsformeln für das Rotationsellipsoid, und zwar sowohl bei Annahme des *Lambert*'schen Grundgesetzes, wie auch der *Absorptionsformel*. Diese Untersuchung bildet den ersten Theil der Abhandlung 3). Der zweite Theil löst auf photometrischem Wege das Problem des *Saturnringes* in einer solchen Weise, dass das photometrische Grundgesetz ausser Betracht bleibt.

Nicht unerwähnt sei auch an dieser Stelle ein kurzes, allerdings ganz auf Lambert'schem Boden stehendes Lehrbuch der Photometrie: *Beer, Grundriss des photometrischen Calcüles*, Braunschweig 1854. Von den Werken und Abhandlungen über

die Anwendung der Photometrie auf die Technik sei nur genannt:
H. Krüss, electrotechnische Photometrie (1886, 32. Bd. der
electrotechnischen Bibliothek von Hartleben, Wien und Leipzig).
Die gegenwärtige Ausgabe der »Photometria.«
Die Auswahl. Vom Katheder aus vorgetragen, wäre die
*Lambert's*che *»Photometria«* mit allen ihren breiten Ausführungen, Specialisirungen, Wiederholungen ein vortrefflicher
Lehrcurs des photometrischen Calcüles. Dagegen ist sie für
eine Sammlung von Klassikern, wie die vorliegende, in der Form
des Originals nicht geeignet. Demnach sind eine grosse Anzahl
derartiger, sozusagen retardirender, Ausführungen in die gegenwärtige Ausgabe nicht aufgenommen worden, so weit dies möglich
war, ohne den Zusammenhang zu zerreissen. Gerade die Absicht, die Weglassungen so anzuordnen, dass auch dann noch
das Werk in sich als Ganzes erscheinen soll, hat die Aufnahme
manches Abschnittes veranlasst, der im anderen Fall besser
fortgeblieben wäre. Immerhin dürfte das Mitgetheilte auch für
den, welcher der historischen Form Interesse entgegen bringt,
mehr als genügend sein.

In einigen wenigen Fällen wurden auch sôlche Abschnitte
ausgeschlossen, welche sich mit veralteten und auch historisch
nicht mehr interessanten Theorien beschäftigen. Wegen des
Umfangs dieser Abschnitte dürften diese Kürzungen an Ausdehnung die bedeutendsten sein. Aufgenommen wurden dagegen veraltete Theorien dann, wenn sie in der Entwickelungsgeschichte des Gegenstandes eine Rolle gespielt haben.

Da die Ansichten über die Art der Auswahl jedenfalls von
Kopf zu Kopf verschieden sind, so schmeichelt sich der Herausgeber nicht, die Mehrheit der Leser auf seine Seite zu gewinnen.
Ich habe mit dem Vorigen die Schonung, mit welcher ich bei
diesem mühsamsten und undankbarsten Theil der Herausgabe
zu Werke gegangen bin, dadurch begründen wollen, dass dem
Leser womöglich nichts vorenthalten werden sollte. Andererseits
glaube ich, dass diejenigen, welche den Wegfall einzelner Partien
beklagen, ihre Ansicht ändern, wenn sie das Original eingehend
prüfen wollen.

Der Text sollte vor Allem eine wortgetreue Uebersetzung
sein. Deshalb wurden *Unklarheiten* im Ausdruck, zum Theil
solche, die sich ständig wiederholen, im Text *beibehalten*, dagegen in den Anmerkungen besprochen. Dasselbe gilt für etwaige
Weitläufigkeiten der Ausdrucksweise. *Richtig gestellt* wurden
dagegen, um Irrthümer zu vermeiden, die *Rechenfehler* in den

Entwickelungen und Formeln, welche nicht wenige sind, ebenso die *Druckfehler* und *Flüchtigkeiten*, welche dicht gesäet sind. Dagegen wurden die *numerischen* Rechnungen *nicht* neu revidirt, da es sich um die Reduction solcher Beobachtungen handeln würde, die man jeden Tag, und zwar mit besseren Hilfsmitteln, wiederholen kann. Die Figuren, welche im Original am Ende des Werkes stehen, wurden, zumeist treu copirt, in den Text genommen, selbstverständlich nachdem auch hier zahlreiche Fehler und Ungenauigkeiten verbessert waren.

Die Anmerkungen verfolgen den Zweck, die historischen Beziehungen des Buches, wo es von Interesse erscheint, zu beleuchten, den Inhalt der weggelassenen Stellen möglichst kurz zu skizziren, an dem mitgetheilten Stoff stellenweise Kritik zu üben und das Buch durch Nachweise soweit zu vervollständigen, dass es auch für den modernen Leser als *Lehrbuch des photometrischen Calcüls* brauchbar werden soll.

II. Specielle Noten zum Text.

Die Vorrede wurde weggelassen. In seiner Schrift: *les propriétés remarquables de la route de la lumière par les airs* hatte der Verfasser ein grösseres Werk über Photometrie in Aussicht gestellt. Die Vorrede vergleicht nun zunächst das dort versprochene mit dem, was im vorliegenden Werk ausgeführt ist. Ferner sind einige Anmerkungen mitgetheilt darüber, wie der Verfasser einzelne Theile des vorliegenden Werkes aufgefasst wünscht. Hierüber später an geeigneter Stelle.

Das Inhaltsverzeichniss besteht lediglich in einer Zusammenstellung der Ueberschriften sämmtlicher Theile und Kapitel. Dasselbe wurde gleichfalls weggelassen, dagegen im Nachfolgenden zu ersetzen gesucht durch eine mehr ins Einzelne gehende möglichst übersichtliche Hervorhebung des Inhalts. Der Wortlaut der Ueberschriften wird jedoch nur bei den weggelassenen Abschnitten mitgetheilt werden.

Theil I. Grundbegriffe. Principien. Das directe Licht.
Kapitel 1. Grundbegriffe und Principien.

§ 1 u. 2. Einleitung. Die 3 hier aufgezählten Umstände, welche die wissenschaftliche Begründung der Photometrie erschweren — nämlich 1) die Unsicherheit der physikalischen Theorie des Lichts, 2) der Mangel an photometrischen Instrumenten, 3) die Gefahr eines Zirkelschlusses — werden nun im Folgenden wiederholt besprochen.

§ 3 bis 5: **Die Theorie des Lichts.** Die *Undulationstheorie* von *Huyghens* ist älter als die *Emanationstheorie* von *Newton*. Die *erstere* ist begründet in der 1678 der Pariser Akademie vorgelegten und im Jahre 1690 zu Leyden gedruckten Schrift: *Traité de la lumière* (Ostwald's Klassiker Nr. 20, herausgegeben von Lommel); die *letztere* ist aufgestellt in Newton's *Optik* vom Jahre 1698.

4) *Euler* stand im vorigen Jahrhundert als Vertreter der *Huyghens*'schen Theorie fast ganz vereinsamt. Wir sehen hier, dass *Lambert* zu den wenigen Anhängern gehörte. — Das hier von Lambert aufgestellte Kriterium für die Richtigkeit einer Hypothese, nämlich dass sich aus ihr auf deductivem Wege vorher unbekannte Erscheinungen müssen ableiten lassen, welche nachträglich durch die Beobachtungen bestätigt werden, ist zu Gunsten der Undulationstheorie in schlagender Weise befriedigt worden durch *Hamilton*'s theoretische Entdeckung der *konischen Refraction* (Pogg. Ann. Bd. 28), welche nachträglich durch *Lloyd* am Arragonit experimentell nachgewiesen wurde (derselbe Band). Man pflegt diese Thatsache zu vergleichen mit *Leverrier*'s theoretischer Entdeckung des Neptun. — Die Undulationstheorie lebte wieder auf zunächst durch die Arbeiten von *Wollaston* und *Young* (1802), später *Malus* und vor allen *Fresnel*. Hervorragende Vertreter der *Newton*'schen Theorie noch im gegenwärtigen Jahrhundert sind *Biot* und *Brewster*.

§ 6: **Die photometrischen Instrumente.** *Lambert*'s am häufigsten benutzte Vorrichtung ist nichts anderes als das später sogenannte *Rumford*'sche *Photometer*: Es werden zwei Flächen verglichen, deren jede durch eine andere und nur durch diese bestimmte Lichtquelle beleuchtet wird. Auch das Photometer von *Ritchie* ist im Princip nichts anderes. Ausserdem benutzt Lambert mehrfach die grössere oder kleinere Abblendung einer Linse zur Erzeugung verschiedener Intensitäten. *Helmholtz* (physiol. Optik, erste Auflage, S. 328) stellt an solche Photometer, welche Lichtflächen vergleichen, die Anforderung, dass beide Flächen sich dicht begrenzen, und dass die Begrenzung nicht geradlinig ist, sondern durch eine auffallend gekrümmte Curve gebildet wird.

Die Anzahl der verschiedenen später zur Verwendung gekommenen Photometer ist enorm. Man findet eine Reihe davon aufgezählt und nach Principien geordnet bei *Zöllner: Grund-*

züge einer allgemeinen *Photometrie des Himmels*, S. 4 und
S. 5. fgde. Ausser *Herschel*'s Astrometer, dem von *A. v. Humboldt* benutzten Photometer, welches auf der Verkleinerung der
Apertur der Linse beruht (also wie im Princip schon Lambert)
und dem in der Technik vielbenutzten *Bunsen*'schen Photometer
(Fettfleck) seien hier genannt:

Steinheil s *Prismenphotometer*, dasjenige, mit welchem *Seidel*
seine berühmten Messungen gemacht hat. Das Princip ist, dass
die Strahlen des zu prüfenden leuchtenden Punktes nicht im
Vereinigungspunkt einer Linse, sondern ausserhalb desselben
beobachtet werden; da sich die Strahlen also vom Vereinigungspunkt wie von einem leuchtenden Punkte fortpflanzen, so ist die
in eine Fläche ausgebreitete Intensität umgekehrt proportional
dem Quadrat ihrer Entfernung vom Vereinigungs- (hier besser
Divergenz-) punkt. Die ausführliche Beschreibung des Instrumentes findet sich in der schon citirten Abhandlung: *Steinheil*,
Elemente der Helligkeitsmess. am Sternenhimmel; ferner zahlreiche Bemerkungen in *Seidel*'s Schriften. In *Steinheil*'s Abhandlung wird auch eine Methode mitgetheilt, um mit demselben
Photometer die Intensität an verschiedenen *Stellen leuchtender
Scheiben* zu beobachten. Im Princip kommt Steinheil's Photometer
mit der schon von *Bouguer* beschriebenen Vorrichtung überein
(*Essai*, 1. Abschnitt, Art. 4, *Traité*, Buch 1, Abschnitt 1, Art. 7).

Das *Zöllner*'sche *Astrophotometer* ist wohl dasjenige, welches unter allen die ausgedehnteste Anwendung gefunden hat.
Die genaueste Beschreibung findet sich in *Zöllner*'s Abhandlung:
Grundzüge einer allgemeinen Photometrie des Himmels. Dieses
Photometer vergleicht direct die Intensität zweier Lichtpunkte,
von denen der stärkere durch Polarisation geschwächt wird.
Hierzu wird der Strahl zunächst in ein feststehendes *Nicol*'sches
Prisma geführt, und der durchgegangene polarisirte extraordinäre
Strahl durch ein zweites Nicol geleitet, durch dessen Drehung
der Strahl beliebig geschwächt werden kann. Ueber das hierbei
in Frage kommende *Cosinus-Quadrat-Gesetz* vgl. *Zöllner*,
Photometrische Untersuchungen S. 74 fgde., desgl. *Th. Wolff*.
Photometrische Untersuchungen an Fixsternen 1876 bis 1883,
Berlin 1884. — Eine Methode, die Intensitäten einzelner Theile
von leuchtenden *Scheiben* zu bestimmen, beschreibt *Zöllner*,
Grundzüge einer allg. Phot. d. H. S. 47 fgde. — Ueber die
Messung *stark verschiedener Intensitäten* sowie über die Verwandlung leuchtender *Scheiben in Punkte* vgl. *Zöllner*, *Phot.
Unt.*, dritter Theil.

Pickering's sog. *Meridianphotometer*, ebenso das sehr verbreitete *Wanschaff*'sche Photometer sind nur Modificationen des *Zöllner*'schen.

Auf der *Absorption* des Lichts beruht das *Pritchard*'sche *Keilphotometer*, welches bei den Messungen zur *Uranometria nova Oxoniensis* angewendet wurde.

Bei Weitem das genaueste unter allen Photometern ist das von *Wild*. Die beiden zu vergleichenden Lichtstrahlen werden theils durch Reflexion, theils durch Glassäulen senkrecht gegeneinander polarisirt und wieder zur Vereinigung gebracht, wobei gleichzeitig der eine Strahl durch Drehung der einen Glassäule in angebbarer Weise geschwächt wird. Während nun die meisten anderen Photometer darauf beruhen, dass das Auge zwei Intensitäten gleich schätzt, so beobachtet man hier gewisse Farbenerscheinungen, welche der vereinigte Strahl in einem Krystall hervorbringt, und welche genau dann verschwinden, wenn die senkrecht gegeneinander polarisirten Intensitäten gleich sind. Vergl. Wild's Abhandlung in *Pogg. Annalen* Bd. 99 (1856); ferner über ein anderes Photometer von Wild *Pogg. Annalen* Bd. 118 (1863), wo sich zugleich eine Untersuchung über das Cosinus-Quadrat-Gesetz findet.

Noch zu erwähnen sind zwei neuere Apparate, welche zwar nicht direct die Helligkeiten, sondern die strahlende Energie zu messen gestatten: *Langley*'s *Bolometer*, welches auf dem Einfluss der Bestrahlung auf den Leitungswiderstand in einer Stromverzweigung beruht, und *Boys*' *Radiomikrometer*, wo das Princip der thermoelectrischen Ströme benutzt wird.

6) Ueber die *Fibrillen des Auges*, Original: *fibrillae oculi*, vergl. Note § 832 bis 834.

§ 7 und 8: Das Urtheil des Auges und der Zirkelschluss. Nach *Lambert* wird das Urtheil des Auges getrübt 1) durch die Veränderlichkeit der Pupillenöffnung, 2) durch Contrast.

§ 9 bis 15: Excurs: Täuschungen des Wärmesinnes und des Gehörssinnes. Auch hier werden vorzugsweise nur Contrastwirkungen erwähnt. Uebrigens wird die Analogie nicht vollständig durchgeführt, da beim Ohr nicht die Intensität, sondern die Höhe des Tones besprochen wird.

10) *Erfindung des Thermometers*. Zu *Lambert*'s Zeiten waren bereits bekannt Thermometer von Luft, Leinöl (*Newton*), Weingeist und Quecksilber. *Réaumur* benutzte Weingeistthermometer, obwohl ihm dessen unregelmässige Ausdehnung bei

höheren Temperaturen bekannt war; *Fahrenheit* (1714), der seine Scala öfter änderte, erst Weingeist, später Quecksilber, *Celsius* durchweg Quecksilber.

11) *Electrischer Funke*, Original: *lumen electricum*. Vielleicht kann L. auch das Leuchten gemeint haben, welches entsteht, wenn man einem luftverdünnten Raume Electricität mittheilt (worauf das sog. Leuchten des Barometers beruht). Das Leuchten an der Oberfläche mancher Körper, wo electrische Funken über sie hingegangen sind, kann Lambert, wenn Cavallo der erste war, der dies beobachtete, nicht gekannt haben.

15) Diese Erscheinungen erklären sich durch das *Fechner*sche *psychophysische Gesetz*. Vgl. die Note § 265 bis 270. Ueberhaupt zeigen verschiedene Stellen des ersten Kapitels die Schwierigkeiten, welche vor der Entdeckung des *Fechner*'schen Gesetzes sich darboten.

§ 16 bis 32: **Das Princip der photometrischen Vergleichung verschiedener Intensitäten.** Der Inhalt dieses an Wiederholungen reichen Abschnittes ist in § 29 zusammengedrängt. Unter den hier erwähnten Hilfsmitteln hat man nichts anderes als die von § 46 ab entwickelten photometrischen Grundgesetze zu verstehen, auf Grund deren man Lichtstärken in angebbarem Mass verändern kann bis zur Gleichheit mit einer gegebenen, wodurch sich das gegenseitige ursprüngliche Verhältniss der Intensitäten bestimmen lässt.

§ 33 bis 45: **Definitionen.**

36) Diese Definitionen sind unklar, da der Begriff der Menge vermieden ist. Um bestimmte Definitionen geben zu können, muss man über die Art der auftretenden Variablen gewisse Festsetzungen machen. Hierzu denke man sich zwei Flächenelemente, von denen das eine durch das andere beleuchtet wird. Dann wird die *Lichtmenge* (dieser Begriff ist unvermeidlich), welche vom ersten Element ausgegangen ist und dem zweiten Element mitgetheilt wird, nur abhängig sein können von folgenden räumlichen Beziehungen, welche so lange die einzigen denkbaren sind, als die Fortpflanzung des Lichts vom einen zum anderen Element geradlinig angenommen wird. 1) die Grösse des leuchtenden Elementes, 2) der Emanationswinkel, 3) die Entfernung beider Elemente, 4) der Incidenzwinkel, 5) die Grösse des beleuchteten Elementes, 6) das gegenseitige Azimuth der auf beiden Elementen errichteten Normalen, oder der Winkel, welchen die Projectionen beider Normalen auf eine Ebene mit einander bilden, wenn letztere senkrecht steht auf der Verbin-

dungslinie beider Elemente. Hierzu kommt 7) eine nicht räumliche Beziehung, indem die Lichtmenge noch abhängig sein wird von einer Grösse, welche durch die Natur der leuchtenden Fläche bedingt ist.

Um die Zweckmässigkeit der Lambert'schen Definitionen einzusehen, ist es erforderlich, die Natur dieser Abhängigkeiten so einzuführen, wie sich Lambert dieselbe gedacht hat. *Lambert* nimmt an, die *Lichtmenge* sei *proportional* 1) dem leuchtenden Element df, 2) dem Cosinus des Emanationswinkels ε, 3) dem umgekehrten Quadrat der Entfernung r, 4) dem Cosinus des Incidenzwinkels i', 5) der Grösse des beleuchteten Elementes df'. Ferner wird stillschweigend angenommen, 6) das Azimuth komme nicht vor, 7) die Natur der Fläche trete nur als constanter Factor J der Function auf. Hiernach lautet das *Lambert'sche Gesetz für selbstleuchtende Körper* in der seit *Beer* allgemein üblichen Form

$$dL = df \cdot \cos\varepsilon \cdot \frac{1}{r^2} \cdot \cos i' \cdot df' \cdot J.$$

Man bezeichnet wie erwähnt dL als *Lichtmenge* oder *Strahlenmenge*. J als *Intensität*. Diese Begriffe würden auch dann einen Sinn behalten, wenn das Gesetz nicht diese besondere Form hätte. Speciell *Lambert* betrachtet nun ferner die Proportionalität mit df' als selbstverständlich und *denkt* sich das Gesetz mit Weglassung von df' in der Form geschrieben:

$$dL' = df \cdot \cos\varepsilon \cdot \frac{1}{r^2} \cdot \cos i' \cdot J.$$

Aus dieser *Lambert*'schen Form des Gesetzes erklären sich nun die Definitionen. Lambert bezeichnet *hier* als *vis illuminans = splendor* den Factor J, als *illuminatio* die Grösse dL'. Da *später* der Ausdruck *claritas* sowohl für dL', wie für J, wie für $J \cdot \varkappa$ gleich oft angewendet wird, so ist bereits hier *splendor* mit dem unbestimmten Ausdruck *Helligkeit* übersetzt worden. In den Noten soll, wie bei L., die Grösse dL' (d. h. *ohne df'*) als *Beleuchtung* bezeichnet werden.

37) Es ist durchweg übersetzt worden *claritas visa* mit *scheinbare Helligkeit*, dem jetzigen Sprachgebrauch entsprechend; *claritas apparens* mit *subjective Helligkeit*.

Bezeichnet man mit $d\varphi$ das Stück einer Kugeloberfläche vom Radius 1, welches ausgeschnitten wird durch eine im allgemeinen schiefe Pyramide, welche df als Grundfläche und irgend einen Punkt von df als Spitze hat, so ist das scheinbare Flächenstück $d\varphi$

$$d\varphi = df \cdot \cos \varepsilon \cdot \frac{1}{r^2}.$$

Eliminirt man hiermit aus dem Ausdruck für dL', dessen Form man sich dabei ganz beliebig, d. h. auch in anderer als der Lambert'schen Voraussetzung denken darf, das wahre Flächenstück df, so kann man das Resultat schreiben:

$$dL' = d\varphi \cdot \cos i'' \cdot J_0$$

(wobei freilich statt $\cos i'$ noch der allgemeine Ausdruck zu setzen wäre). Hiermit definiren wir J_0 als die *scheinbare Helligkeit*. Da nun bei der *Lambert*'schen Form für dL' die Grösse $J_0 = J$ wird, so dass

$$dL' = d\varphi \cdot \cos i'' \cdot J$$

und mithin J_0 von r unabhängig ist, so ist *Lambert*'s Bemerkung über die Verwechselung correct.

Ueber die Schrift von Wolf finde ich nirgends eine Notiz.

In der *Smith-Küstner*'schen Optik ist der Fehler vermieden (vgl. Buch I, Art. 93). Dagegen findet man ihn nicht selten bis zur Gegenwart da und dort in gelegentlichen photometrischen Excursen.

39) Unter *Dichtigkeit der Strahlen* ist hier die Grösse J verstanden.

40) Der Satz ist zu verschwommen ausgedrückt, um zu entscheiden, ob etwa bereits dem Satz § 621 vorgegriffen ist.

41) *Lambert* schreibt stets *lumen*, obwohl die Sprache für die beiden hier besprochenen Bedeutungen die Wörter *lumen* (Lichtquelle) und *lux* (die verbreitete Helligkeit) zur Verfügung hat.

42) Unter *Dichtigkeit der Strahlen* ist hier und im folgenden die Grösse J_0 verstanden. Man gebraucht diesen Ausdruck auch sehr zweckmässig, wenn man ohne Rücksicht auf den Ursprung der Strahlen, also auch abgesehen von df oder $d\varphi$, bei einer einfallenden Strahlenmenge dL den Factor von $\cos i'' \cdot df'$ so bezeichnet.

43) Die leuchtende Scheibe ist hier als unendlich klein angesehen.

§ 46 bis 54: Die gewöhnlichen Beweise für die Abhängigkeiten 1), 3) und 4) (vgl. Note 36)). Der Beweis für 2) folgt im zweiten Kapitel.

Die Wellentheorie gestattet übrigens strenge Beweise. *Neumann* in seinen *Vorlesungen über theoretische Optik, herausgegeben von Dorn*, Leipzig 1885 nimmt das Gesetz vom Quadrat der Entfernungen als gegeben an und schliesst dann mit Hilfe des Satzes von der Erhaltung der lebendigen Kraft rückwärts, dass die Lichtstärke proportional ist dem Quadrat der Geschwindigkeit, mit welcher die Lichttheilchen schwingen (Seite 8). Hieraus folgt weiter, wenn man den Mittelwerth des Quadrats der Geschwindigkeit bildet (die Zeit als willkürliche Variable betrachtet), dass die Lichtstärke dem Quadrat der Amplitude proportional sein muss (8. 13). Von dem letzten Satz macht die theoretische Optik ausgedehnten Gebrauch. *Gewöhnlich (nicht so jedoch Kirchhoff* in seinen *Vorlesungen über mathematische Optik, herausgegeben von Hensel*, Leipzig 1891) macht man dagegen die directe Voraussetzung, dass die Lichtstärke proportional der lebendigen Kraft der schwingenden Aethertheilchen sei, und gewinnt hieraus, gleichfalls durch das Princip von der Erhaltung der lebendigen Kraft, den Satz vom Quadrat der Entfernung und vom Cosinus des Incidenzwinkels. Mit Hilfe einer anderen Mittelbildung, bei welcher die Coordinaten der einzelnen Punkte des leuchtenden Elementes willkürliche Variablen sind, findet dann *Seeliger* in seinen an der Münchener Universität gehaltenen Vorlesungen über Astrophotometrie den Satz von der Proportionalität der Lichtstärke zur Grösse des leuchtenden Elements, oder deutlicher gesagt, den Satz, dass sich die Lichtwirkungen benachbarter Punkte gegenseitig einfach addiren.

Diese drei Gesetze, welche Lambert bereits vorfand (vergl. oben über *Bouguer*, ferner *Smith-Kästner* Buch 1, Art. 58 und sonst mehrfach), pflegt er im Weiteren sehr oft unter folgender Bezeichnung zu citiren:

Gesetz § 48: (vom Quadrat der Entfernung)
51, 52: (von der Proportionalität zur Grösse des leuchtenden Elements)
53: (vom Cosinus des Incidenzwinkels).

53) Es ist kaum nöthig zu bemerken, dass *Lambert* unter *Incidenzwinkel (angulus incidentiae)* das *Complement* des heute so genannten Winkels zwischen dem Lichtstrahl und der Flächennormale versteht. Dasselbe gilt vom *Emanationswinkel (angulus emanationis)*. Es treten also bei Lambert in beiden Fällen die Sinus auf. Für den Winkel zwischen Lichtstrahl und Flächennormale gebraucht er später gelegentlich den Ausdruck *Neigungswinkel (angulus inclinationis)*.

§ 55 bis 66: Experimentelle Beweise für die Gesetze. Von den mitgetheilten Beweisversuchen nicht befriedigt, theilt Lambert Versuche mit, durch welche, sobald die Richtigkeit irgend eines der drei Gesetze gegeben ist, die Richtigkeit der beiden anderen bewiesen wird. Es beziehen sich Versuch 1 und 2 auf den Zusammenhang zwischen den Gesetzen § 48 und 51, 52, Versuch 3 auf 51 und 53, Versuch 4 auf 48 und 53.

61) Das Zeichen ∽ (proportional) tritt auch später mehrfach auf.

62) Selbstverständlich müssen bei diesem Versuch die beiden Emanationswinkel, unter welchen die Strahlen aus der beleuchteten Fläche wieder austreten, einander gleich sein. Trotzdem kann der Versuch nicht geglückt sein, wie denn auch später zwar für Versuch 2, nicht aber für den vorliegenden, Beispiele mitgetheilt sind (vgl. § 256 fgde.). Es kommt nämlich nicht diejenige Lichtmenge zur Vergleichung, welche die beleuchtete Ebene empfängt, sondern die wieder zurückgeworfene und dem Auge zugesandte, und diese kann noch in anderer Weise vom Incidenzwinkel abhängig sein. Es ist also hier dem Lambert'schen Emanationsgesetz für *nicht selbstleuchtende Körper*, bei dessen Giltigkeit der Versuch statthaft wäre, bereits vorgegriffen.

64) L. bezieht sich hier auf § 530 fgde.

§ 67 bis 69: **Fortsetzung der Definitionen.**

Kapitel 2. Das directe Licht.

§ 70 bis 86: **Das Emanationsgesetz.**

70) Hier wird das *Lambert*'sche Gesetz für selbstleuchtende Körper, wie es vorwegnehmend in Note 36), Formel für dL', mitgetheilt war, zum ersten Mal vollständig ausgesprochen bis auf den Factor $\cos \varepsilon$, welcher nunmehr zugefügt werden soll.

72) *Euler*'s Auffassung ist in der That diejenige, dass der Emanationswinkel ε gar nicht auftritt. Dieselbe Annahme hat später auch *Laplace* gemacht (Méc. cél. Tome 4, Livre 10, Chap. 3, § 13). Sie ist allerdings vollkommen correct, so lange man als den Ursprung der Lichtwirkung die geometrische Oberfläche des Körpers ansieht; und der Irrthum liegt eben in dieser letzteren Auffassung, da eine mathematische Fläche niemals als Träger einer physikalischen Ursache angesehen werden darf. — Führt man wie in Note 37) das scheinbare Flächenelement $d\varphi$ ein, so ist bei der *Euler*'schen Vorstellungsweise J_0 nicht, wie beim Lambert'schen Emanationsgesetz, $= J$, sondern die scheinbare Helligkeit J_0 wird $= J : \cos \varepsilon$, d. h. eine selbstleuchtende Kugel zeigt eine vom Centrum nach dem Rande zunehmende und im Rand selbst unendlich werdende scheinbare Helligkeit. Da dies augenscheinlich bei der Sonne nicht der Fall ist, so schloss *Laplace*, dass dieselbe mit einer Atmosphäre umgeben

sei, deren absorbirende Wirkung vom Centrum nach dem Rande hin zunehmen muss. Um, wie wir Note 37) gesehen haben, zu zeigen, dass J_0 nur dann constant wird, wenn in dL' (Note 36) der Factor $\cos \varepsilon$ auftritt, braucht Lambert die lange Erörterung von § 73 bis 81.

73) Nicht der hier angegebene, sondern der in der vorigen Note bezeichnete Umstand ist der Grund von *Euler*'s Irrthum.

Die gleichmässige scheinbare Helligkeit der Sonne ist die *erste* Thatsache, mit welcher Lambert sein Emanationsgesetz begründet. Bei der *Sonne* ist aber diese »Thatsache« nicht einmal vorhanden. Bereits *Bouguer* theilt im *Traité* Buch 1, Abschn. 2, Art. 12 Messungen mit, welche zeigen, dass die scheinbare Helligkeit gegen den Sonnenrand hin schwächer wird. Unter den neueren Messungen sind zu erwähnen die von *Vogel* in den *Monatsberichten der Academie der Wissenschaften in Berlin* 1877, S. 107 fgde. bekannt gemachten, deren Resultat im Sinne mit *Bouguer* übereinstimmt. Eine eingehende Discussion der *Vogel*'schen Messungen findet sich bei *Seeliger*, *über die Extinction des Lichts in der Atmosphäre* Artikel 3 (Sitzungsberichte der math.-physikal. Classe der K. bayer. Akad. der Wiss. 1891, Bd. 21, Heft 3). Hierbei zeigt sich, dass die Absorption des Lichts durch die Sonnenatmosphäre, welche die Abnahme der scheinbaren Helligkeit bedingt, wider Erwarten gering ist, und ferner wird aus den Dispersionen des Lichts (*Vogel*'s Messungen sind mit einem Spectralphotometer angestellt) in Verbindung mit einer anderen Erscheinung wahrscheinlich gemacht, dass die Sonnenatmosphäre sehr wenig hoch sei.

Helioscop, Original: *helioscopium*. Unter dem Namen machina helioscopica beschreibt Scheiner (Rosa ursina, Bracciani 1626, S. 77) eine Vorrichtung, um das Bild der Sonne hinter dem Fernrohr auf einer weissen Tafel aufzufangen. Die höchst einfache Berechnung der Grösse des Bildes theilte Kästner mit (Astron. Abhandl. 2. Sammlung, S. 362). Vielleicht ist auch das zuerst von Scheiner (Ros. Urs. S. 70) angewendete Arrangement zum directen Sehen mittelst Blendgläsern gemeint.

74) L. bezieht sich hier auf § 536 und 537.

80) Ueber den Ausdruck *Emanationswinkel* vgl. Note 53).

81) Unter *Leuchtkraft* (vis illuminans) ist hier die Grösse $J \cos \varepsilon$ verstanden. Solche Inconsequenzen in Bezug auf die Terminologie sind dicht gesäet im ganzen Werk.

Bei der Bezeichnung von Strecken, Winkeln u. s. w. wurde, was etwaiger Citate wegen bemerkt wird, entgegen dem Original, welches ohne Princip verfährt, hier und wohl immer der positive Sinn als massgebend für die Reihenfolge der Buchstaben erachtet.

84) Hier folgt die *zweite* Thatsache, auf welche L. das Emanationsgesetz stützt. Ueber die Unzulässigkeit einer solchen Schlussfolgerung gilt aber genau dasselbe wie in Note 62). Ein experimenteller Beweis kann nur dadurch erbracht werden, dass man wirklich selbstleuchtende Körper, also etwa glühende Kugeln oder Platten, beobachtet, wenn überdies die Emanation nicht gestört wird, wie etwa bei der Sonne durch die Atmosphäre derselben. Solche Versuche sind von *W. Müller* angestellt worden (*Photometrische Untersuchungen, Wiedemann's Annalen* Bd. 24, 1885) und haben die genaue Bestätigung des Lambert'schen Gesetzes für selbstleuchtende Körper ergeben.

Der Hinweis am Schluss bezieht sich wieder auf § 536, 537.

85) Diesem Versuch eines theoretischen Beweises scheint L. selbst, nach dem folgenden Paragraphen zu schliessen, eine vollkommene Evidenz nicht zugesprochen zu haben. Der Beweis ist annehmbar bis zu der Stelle, wo die beiden Kräfte in eine normale Componente DE und eine parallele EC zerlegt werden. Von jetzt ab ist aber erstens gerade *diese* Zerlegung nicht in höherem Grade berechtigt, als jede beliebige andere, und zweitens liegt eine Willkür in der Annahme, dass nur die Componente DE zur Wirkung komme. Gleichwohl lässt sich von dieser Stelle ab der Lambert'sche Beweis richtig stellen, wenn man erwägt, »dass die Kraft, durch welche das Licht längs CF ausgestossen wird, von denjenigen Theilchen herrührt, welche« — nicht »auf der Geraden DC liegen« (denn auf einer mathematischen Geraden liegen überhaupt keine physikalischen Theilchen), sondern in einer Säule enthalten sind, deren Grundfläche das Oberflächenelement und deren Axe die Gerade DC ist. Da der Querschnitt der Säule, also auch der Inhalt derselben bei gleicher Länge und gleichem Oberflächenelement dem Cosinus des Emanationswinkels proportional ist, so folgt in der That das Gesetz. Dieser Gedankengang wurde zuerst von *Zöllner* ausgesprochen, *Phot. Unters.* S. 15 bis 18.

Man kann auch die bestimmtere Annahme machen, dass die Lichtwirkung der tieferliegenden Theilchen, welche überdies eine Function ihrer Entfernung von der Oberfläche sein darf, auf ihrem Weg bis zur Oberfläche des Körpers durch Absorption geschwächt wird. Dann kommt man ohne jede Rechnung fast mit genau denselben Worten zu demselben Resultat. Man vergl. auch *Seeliger, Bemerkungen zu Zöllner's* »*Photometrischen*

Untersuchungen«, V. J. S. der Astron. Gesellschaft, Bd. 21, S. 218 und 219.

Es sind, bevor diese strengen Beweise bekannt waren, mehrfach missglückte Beweisversuche gemacht worden. Man vergl. z. B. *Zöllner's* Bemerkungen über den ersten *Beer'*schen Beweis (*Phot. Unt.* S. 12 bis 14) und über den *Rheinauer*'schen (ebendas. S. 15). Geradezu naiv ist aber der zweite *Beer*'sche Beweis (*Phot. Calc.* S. 7).

§ 87 bis 101: **Verwandlung der räumlichen Aufgaben in sphärische.** Dieser Abschnitt enthält, breit ausgeführt, nichts anderes, als was in Note 37) vorweggenommen wurde.

96) Hier hat das Wort *Intensität* den eigentlichen Sinn.

97) Dieser Satz erledigt die vorliegende Aufgabe. Es ist also, wie nach Note 37):

$$dL' = d\varphi \cdot \cos i' \cdot J.$$

98) Aus dem Schlusssatz ergibt sich zum ersten Mal eine Definition des Wortes *Beleuchtung*, und zwar in dem Note 36) mitgetheilten Sinn.

100) Der Begriff der *absoluten Beleuchtung*, welcher hier zum ersten Mal vorkommt, ist jetzt nicht mehr üblich. Da L. hierunter diejenige Beleuchtung versteht, welche durch eine beliebige solche Fläche (unendliche Ebene, unendlich nahe Kugel) erzeugt wird, die sich als scheinbare Halbkugel präsentirt, so hat man:

$$\text{absolute Beleuchtung} = \int dL' = \int d\varphi \cdot \cos i' \cdot J,$$

wo laut Definition das Integral auf die Halbkugel auszudehnen ist. Mithin wird

$$\text{absolute Beleuchtung} = J\pi.$$

Es ist also der Begriff der Intensität bis auf einen constanten Factor ersetzbar durch den der absoluten Beleuchtung. Bei *Lambert* werden aber diese Begriffe fortwährend durcheinander geworfen.

101) Nicht die Leuchtkraft (vis illuminans) der Sonne erleidet eine Einbusse, sondern die *Beleuchtung* (nicht Helligkeit) der irdischen Objecte. — Bei *Smith-Küstner* ist gemeint S. 382 fgde. Auffallend ist, dass Lambert nicht bemerkt zu haben scheint, dass die dort benutzte Phasenformel nicht mit

der von Lambert § 1059 gegebenen übereinstimmt. — Der Hinweis im vorletzten Satz bezieht sich auf § 112.

§ 102 bis 106: **Ueberblick über das Folgende.**

106) Der hier ausgesprochene Satz, welcher sagen will, dass die zwischen einem *Element* und einer Fläche ausgetauschten Lichtmengen sich verhalten wie die Intensitäten J des Elements und der Fläche — weil nämlich das betreffende Integral im einen Fall sich aus Elementen derselben Grösse zusammensetzt wie im anderen, wenngleich die Bedeutung der Elemente eine andere ist — wird später in Specialfällen ausführlich wiederholt. Vergl. § 124 fgde.

§ 107 bis 165: **Drei Aufgaben über die Beleuchtung eines Elements durch eine Fläche von constanter Intensität J.** Vom allgemeinen Standpunkt betrachtet, schweben solche Aufgaben in der Luft. Denn es handelt sich jetzt darum, einen Ausdruck zu bilden, der nach unserer Bezeichnungsweise durch das Integral bestimmt wird

$$\int dL' = J \int d\varphi \cos i',$$

wo die Integrationsgrenzen von der Gestalt der scheinbaren leuchtenden Fläche abhängig sind. Es ist aber das Integrationselement dL' wegen des darin vorkommenden $\cos i'$ nur eine Rechnungsgrösse, da eine solche Beleuchtung nicht durch das Auge wahrgenommen wird und auch sonst in keiner Weise messbar ist. Denn eine solche Beleuchtung tritt erst dann in Erscheinung, wenn das auffallende Licht wieder ausgestrahlt wird, und in dieser ausgestrahlten Lichtmenge kann $\cos i'$ noch in anderer Weise auftreten. Dann aber hat es keinen Werth mehr, den Ausdruck $\int dL'$ zu besitzen. Es gilt also dasselbe wie Note 62).

Nur in zwei Fällen haben diese Aufgaben Sinn. Einmal wenn die leuchtende Fläche als sehr klein betrachtet wird, so dass $\cos i'$ constant ist, wie man z. B. bei der Beleuchtung der Planeten durch die Sonne anzunehmen pflegt: dann aber würde man diese Theorie überhaupt nicht brauchen, denn es handelt sich einfach um die Grösse $\int d\varphi$. Der zweite Fall ist derjenige, welchen *Lambert* vor Augen hat, nämlich wenn in der wieder ausgestrahlten Lichtmenge, wie es das später entwickelte *Lambert*sche Emanationsgesetz für nicht selbst leuchtende Körper aussagt, $\cos i'$ nicht wieder neu auftritt. Im System der *Lambert*schen Photometrie sind diese Sätze also vollkommen berechtigt.

Anmerkungen.

§ 107 bis 141: **Erste Aufgabe: Leuchtender Kreis.**
107) Von hier ab zunächst Specialfall: Das Centrum des leuchtenden Kreises liegt im Zenith. Zum synthetischen Beweis dieses Paragraphen folgt § 121 ein analytischer.

109) Der Ausdruck *sinus totus*, oder wie hier, *quadratum sinus totius* ist stets mit *Einheit* übersetzt worden.

111) Die absolute Beleuchtung, nach unserer Ausdrucksweise $\pi \cdot J$, wird allerdings später fast ausnahmslos (mit Weglassung des Factors J) durch π bezeichnet. Nicht der von L. in der Vorrede angegebene Grund, dass er sich das beleuchtete Element als kreisförmig denke, ist hierfür bestimmend gewesen — denn dieses Element tritt nicht auf, und hat, wenn es auftritt, keinen Einfluss —, sondern die Ursache ist immer wieder die Confusion in der Bezeichnungs- und Ausdrucksweise, die allerdings immer so corrigirt wird, dass die Resultate stets richtig sind.

112) Hat der leuchtende sphärische Kreis den Halbmesser σ, so verhalten sich

die Beleuchtungen von Halbkugel und Kreis wie $\dfrac{J\pi}{J\pi\sin^2\sigma} = \dfrac{1}{\sin^2\sigma}$,

also für kleine σ wie $\dfrac{1}{\sigma^2}$.

Die Inhalte von Halbkugel und Kreis wie $\dfrac{2\pi}{2\pi(1-\cos\sigma)} = \dfrac{1}{2\sin^2\frac{1}{2}\sigma}$,

also für kleine σ wie $\dfrac{2}{\sigma^2}$,

womit die Behauptung erwiesen ist.

117) Das Werk von *Thümmig* heisst genauer: Meletemata varii et rarioris argumenti und erschien zu Braunschweig und Leipzig 1727.

122) Hier, ebenso § 124, werden wieder neue Ausdrücke gebraucht. Intensität der Beleuchtung ist unser dL', Quantität der Beleuchtung unser dL.

123) Hier ist die Stelle, von wo an die absolute Beleuchtung stets durch π ausgedrückt wird. Vergl. Note 111).

126) Dieser Satz folgt ohne Rechnung, wenn man den Satz Note 106) mit der Bemerkung verbindet, dass $\sin\sigma$ als Radius des Grundkreises der Kalotte, welche bisher immer auftrat, aufgefasst werden kann.

130) Von jetzt ab allgemeiner Fall: das Centrum des leuchtenden Kreises liegt nicht im Zenith.

135) Der *Hauptsatz* des ganzen Abschnittes ist also, dass die Beleuchtung durch einen Kreis mit der Intensität J, dem scheinbaren Halbmesser σ und einer Zenithdistanz des Centrums $= z$ sich ausspricht durch

$$L' = J\pi \sin^2\sigma \cdot \cos z.$$

140) Ich finde nirgends eine Bemerkung, dass dieser Satz viel allgemeiner ist und für jede leuchtende Fläche gilt, welche einen Mittelpunkt hat. Nicht einmal die Intensität braucht constant zu sein, wenn sie nur symmetrisch ist zum Mittelpunkt. Sei nämlich ein scheinbares Flächenelement $= d\varphi$, seine Entfernung vom Flächenmittelpunkt $= s$, die Zenithdistanz des letzteren $= z$, und der Winkel zwischen s und $z = \vartheta$. Dann ist

$$dL' = J(s, \vartheta) \cos i' \cdot d\varphi$$
$$= J(s, \vartheta) \cdot \cos z \cos s \, d\varphi + J(s, \vartheta) \cdot \sin z \sin s \cos \vartheta \, d\varphi.$$

Wegen der Bedingung des Mittelpunktes gibt es zu jedem Element s, ϑ auch ein solches s, $\pi + \vartheta$, und da wegen der Bedingung der Intensität $J(s, \vartheta) = J(s, \pi + \vartheta)$, so fällt bei der Integration das zweite Glied weg, und es ergibt sich

$$L' = \cos z \int J(s, \vartheta) \cos s \, d\varphi,$$

wo unter dem Integralzeichen z nicht mehr vorkommt.

Es hätte also beispielsweise für den Kreis der Beweis § 130 ganz fortbleiben dürfen und der allgemeine Satz sofort aus dem speciellen, § 109, wo der Mittelpunkt im Zenith liegt, geschlossen werden können.

Man braucht also stets nur den speciellen Fall $z = 0$ zu behandeln. Ich füge nun aber eine zweite Bemerkung bei, welche auch diese Aufgabe in den meisten Fällen, z. B. in allen von *Lambert* und *Beer* so ausführlich behandelten, ohne Rechnung löst. Man braucht nämlich nur zu bedenken, dass im Integral

$$L' = J\int \cos i' \, d\varphi$$

der Winkel i' gleich sein muss dem Winkel zwischen dem Element $d\varphi$ und einer Ebene, welche die scheinbare Fläche in deren Mittelpunkt tangirt. Dann stellt L' nichts anderes dar, als den Flächeninhalt der Projection der scheinbaren Fläche auf jene berührende Ebene. Handelt es sich nicht um eine Mittelpunktsfläche, so hat man denselben Vortheil, wenn man auf eine im Zenith zum beleuchteten Element parallele Ebene projicirt.

So hat beispielsweise ein scheinbarer Kreis vom Radius σ als Projection einen Kreis mit Radius sin σ, woraus nun ohne Weiteres der Satz § 109 folgt.

§ 142 bis 160: **Zweite Aufgabe: Leuchtendes rechtwinkliges sphärisches Dreieck**, bei welchem der Schnittpunkt der Hypotenuse und der einen Kathete im Zenith liegt. Der Hauptsatz, welcher für jedes beliebige verticale Dreieck gilt, ist enthalten in § 144:

$$L' = \tfrac{1}{2} \cdot J \cdot \text{\textit{Basisabschnitt}} \cdot \cos \text{\textit{Elevation}}.$$

Die Verwendung des zweiten Satzes Note 140) würde jede Rechnung erspart haben.

155) Der nicht bewiesene Schlusssatz ergibt sich dadurch, dass die Behauptung, wie sich leicht zeigen lässt, richtig ist für jeden einzelnen der unendlich schmalen verticalen Streifen, in die sich das Dreieck zerlegen lässt; folglich gilt dies auch für die Summe.

156) Ein Paradoxon ist nicht vorhanden. Denn beim Element ist die Beleuchtung gleich dem Product aus dem Flächeninhalt und dem Sinus der Höhe; dagegen ist die Beleuchtung durch einen unendlich schmalen Sector nicht so ausgedrückt worden, dass der Inhalt des Sectors als erster Factor auftritt.

§ 161 bis 165: **Dritte Aufgabe: beliebige leuchtende Figur.** Specielle Beispiele werden hier nicht durchgeführt, obgleich sich gerade hier zahlreiche elegant lösbare Integrationsaufgaben bieten. Einige derselben hat *Beer* ausgeführt.

Für die *sphärische Ellipse* benutzt *Beer* die Eigenschaft, dass es auch hier zwei Punkte gibt derart, dass die Summe ihrer sphärischen Entfernungen von irgend einem Peripheriepunkt constant und zwar gleich dem grössten sphärischen Durchmesser ist. Es folgt der schöne, zum früheren, für den Kreis, analoge Satz, dass

$$L' = J \pi \sin \sigma_1 \sin \sigma_2 \cdot \cos z$$

ist, wobei σ_1 und σ_2 den grössten und kleinsten Halbmesser darstellen. Der Umstand übrigens, dass *Beer* die erste Bemerkung Note 140) nicht gemacht hat, veranlasst bei diesem und anderen Fällen in seinen Entwickelungen unnöthige Längen. Mit

Zuziehung der zweiten Bemerkung Note 140) hätte sich auch der dann noch bleibende Rest von Rechnung vermeiden lassen.

Auch für die *Phasen einer Sonnenfinsterniss* ist bei *Beer* der Ausdruck aufgestellt.

§ 167 bis 225: **Drei Aufgaben über die Lichtmenge, welche eine Fläche einer anderen zusendet**, d. h. es wird der Ausdruck der einem Element zugesandten *Beleuchtung* L' mit dem Factor df' multiplicirt, so dass man eine *Lichtmenge* $dL = L' df'$ erhält, und dieser Ausdruck wird über die *beleuchtete* Fläche f' integrirt. In *dieser* Weise, und nicht etwa so, wie es in § 167 des Textes geschehen ist, hat man den Inhalt des Folgenden zu charakterisiren. Denn die »*mittlere Helligkeit*« spielt dabei eine ganz nebensächliche Rolle und ist nur eine andere Form für den Ausdruck des Resultates. Uebrigens hat »die scheinbare Grösse der Fläche« mit der mittleren Helligkeit gar nichts zu thun, da das Wort »scheinbar« hier keinen Sinn hat. Vielmehr versteht L. unter *mittlerer Helligkeit* eine Grösse, die man in unserer Bezeichnungsweise zu definiren hat durch

$$\frac{\int dL}{f'} \text{ oder, was dasselbe ist, } \frac{\int L' df'}{\int df'}.$$

Es ist also der Ausdruck zu bilden

$$\int dL \text{ oder, was dasselbe ist, } \int L' df'$$

wobei sich das Integral nur auf die beleuchteten Theile der beleuchteten Fläche bezieht. Da L' selbst ein Doppelintegral, nämlich über die leuchtende Fläche, darstellt, so handelt es sich um Ausführung einer vierfachen Integration.

§ 168 bis 175: **Erste Aufgabe: Leuchtende Kugel, vertical über einem beleuchteten Kreis**.

168) Absatz 1) ist gleichbedeutend mit $J = 1$, Absatz 2) ist keine Begründung und ausserdem überflüssig.

169) Statt »Dichtigkeit der auffallenden Strahlen« wäre deutlicher gesagt: »Beleuchtung L'«. Uebrigens ergibt sich die Formel für η ohne Ueberlegung, da sie identisch ist mit der Formel Note 135), wenn man dort die jetzige Bezeichnung einführt.

171) Hier ist der *Hauptsatz* des Abschnittes enthalten:

$$\int L' df' = 2 J . \iota^2 (1 - \cos s) \varrho^2,$$

wo s der scheinbare Halbmesser des Kreises ist, vom Centrum der Kugel gesehen, und ϱ der Radius der letzteren.

§ 176 bis 195: **Zweite Aufgabe: Leuchtendes Rechteck, rechtwinklig gegen ein beleuchtetes Rechteck.**
187) Hier ist der *Hauptsatz* des Abschnittes enthalten. Derselbe findet später keine Verwendung, wie denn überhaupt die Aufgabe wohl nur der eleganten Lösung wegen behandelt scheint.

190) Dieser Lehrsatz ist ein specieller Fall des in § 196 bewiesenen allgemeinen. Uebrigens wird im »Beweis« § 190 gar nicht der Lehrsatz in der hier geschriebenen Form erwiesen, sondern ein Satz, in welchen sich der vorliegende verwandelt, wenn man sich statt des zweiten $ARMP$ geschrieben denkt: $ADSR$ und statt des zweiten $AFED : AFQP$.

195) Statt »Ausstrahlung« hätte man der Analogie wegen deutlicher gesagt »absolute Ausstrahlung«.

§ 196 bis 198: **Excurs: Die von zwei Flächen ausgetauschten Lichtmengen verhalten sich wie die Intensitäten.** Dieser Satz ist die Verallgemeinerung zum Satz Note 106'.

§ 199 bis 225: **Dritte Aufgabe: Leuchtender Kreis vertical über einem dazu parallelen beleuchteten Kreis.** Da der hier erforderliche Ausdruck L' früher nicht gebildet wurde, so hat man zunächst

§ 200 bis 213: **Hilfsaufgabe: Leuchtender Kreis und paralleles beleuchtetes Element.** Diese Aufgabe ist nichts anderes als die von *Beer* über die *sphärische Ellipse* (vergl. Note § 161 bis 165), nur dass das Resultat hier so abgeleitet und in der Form geschrieben wird, wie es alsbald zur Verwendung kommen soll. Bei Zuhilfenahme der beiden Sätze Note 140) hätte sich die höchst mühsame Rechnung auf eine ganz kurze Transformation der Argumente reducirt.

200) Ueber den Ausdruck *Neigung* vergl. Note 53).

209) Enthält die *Hauptformel der Hilfsaufgabe*, die man sich aber für alle kommenden Zwecke mit der sehr übersichtlichen Bezeichnung des § 211 geschrieben denken muss:

$$L' = \tfrac{1}{2}\pi \left[1 - \frac{h^2 + x^2 - b^2}{\sqrt{(h^2 + x^2 - b^2)^2 + 4h^2b^2}}\right]$$

wo der Factor $J = 1$ gesetzt worden ist.

213' Es ist bis zur ersten Potenz inclusive von x^2 entwickelt worden. — Unter der scheinbaren Grösse eines ebenen Stückes ist der Inhalt der entsprechenden Kalotte einer Kugel vom Radius 1 vorstanden. Alle diese Grössen sind hier unendlich klein.

§ 214 bis 225: **Eigentliche Aufgabe.** Das *Hauptresultat* kommt im späteren Verlauf des Werkes in drei verschiedenen Formen zur Anwendung, nämlich

$$\int L'df' = \tfrac{1}{2}\pi^2[h^2+b^2+x^2-\sqrt{(h^2+b^2+x^2)^2-4x^2b^2}] \text{ nach §215}$$
$$= \tfrac{1}{4}\pi^2(MF-MB)^2 \qquad \text{nach §217}$$
$$= \pi^2\frac{BC^2\cdot MA^2}{MH^2} \qquad \text{nach §222,}$$

wo durchweg $J=1$ gesetzt ist.

220) Die hier stattfindende Bedeutung der Ausdrücke »mittlere Helligkeit« und »Strahlenmenge« rechtfertigt die Definitionen dieser Grössen in: Note § 167 bis 225.

222) Nach dem Lehrsatz des *Ptolemäus*.

225) Die *Analogie* wird vollständig, wenn die eine Fläche unendlich klein wird.

Kapitel 3. Die Principien der Photometrie. Das Urtheil des Auges.

§ 226 bis 264: **Die Principien der Photometrie.** Der höchst einfache Gegenstand wird hier so breit auseinander gezogen, dass es nicht leicht ist, den Faden festzuhalten. In § 229 spricht L. einen Erfahrungssatz aus, dessen er sich »instar axiomatis« bedienen will. Trotzdem wird dieses Quasi-Axiom im Folgenden analysirt, d. h. auf Einzelerfahrungen aufgebaut, und zwar in zweifacher Weise, in § 230 bis 232 provisorisch — indem er stets die einfache y und die doppelte Anzahl $2y$ der Kerzen gegenseitig vergleicht, dabei aber y selbst variirt — und in § 233 bis 235 in allgemeiner Weise durch Vergleichung verschiedener Multipla (also y und ny). Es wird aber der letzte Fall durch den ersten ersetzt.

Die objective Lichtwirkung wird erst von § 236 ab hereingezogen. Es handelt sich § 236 bis 242 darum, zu bestimmen, in welcher Weise die Entfernung und die Anzahl der Kerzen im photometrischen Gesetz auftreten, in § 243 bis 253 kommt dazu der Incidenzwinkel.

Hierbei zeigt sich, dass die Versuche stets eine Unbestimmtheit übrig lassen. Es lässt sich nämlich aus den Versuchen nur das schliessen, dass die Beleuchtung eine Function von $\frac{zs}{x^2}$ ist (*Lambert*'sche Bezeichnung). Die Natur dieser Function sucht L. nun zu specialisiren durch verschiedene bestimmte Annahmen (nämlich in § 241, § 246 bis 251). Es muss bemerkt werden, dass ein solches Bemühen nicht nur überflüssig, sondern auch wissenschaftlich falsch ist. Hierzu nehmen wir das vollständige *Lambert*'sche Gesetz in der Form Note 36) wieder vor. Es war

$$dL' = df \cdot \cos \varepsilon \cdot \frac{1}{r^2} \cdot \cos i'' \cdot J.$$

Angenommen, es sei uns factisch möglich, dieses Gesetz durch Versuche zu prüfen (was, wie mehrfach bemerkt, wegen des Incidenzwinkels i'' gar nicht der Fall ist), so können die Versuche doch nur so viel aussagen, dass eine Wirkung, welche an die Grössen $df, \varepsilon, r, i'', J$ geknüpft ist, jedesmal dann dieselbe wird, wenn zwischen diesen Grössen die Beziehung besteht

$$df \cdot \cos \varepsilon \cdot \frac{1}{r^2} \cdot \cos i'' \cdot J = \text{Const.}$$

Als was man diese Wirkung auffasst, ist ganz Nebensache, und man kann sie ganz nach Belieben erklären als

$$\text{Wirkung} = F(x), \text{ wo } x = df \cdot \cos \varepsilon \cdot \frac{1}{r^2} \cdot \cos i'' \cdot J,$$

ohne freilich damit einen Schritt weiter gekommen zu sein. Das letztere ist aber auch nicht nöthig, so lange man in der wissenschaftlichen Erfahrung auf eben diese Argumente $df, \varepsilon, r, i'', J$ beschränkt ist. Jenes Bedürfniss tritt vielmehr erst dann ein, sobald neue Variablen in die Untersuchung eintreten. Geschieht dies aber, so wird zwar die gegenwärtige Function F specialisirt werden, dafür aber immer wieder eine neue unbestimmte Function auftreten. — Man kann diesen Gedankengang erläutern an dem weit einfacheren Beispiel der *Newton*'schen Attraction. Hierzu denke man sich für diesen Zweck, wo es nur auf das Princip ankommt, das *Newton*'sche Gesetz in der Form geschrieben:

$$\frac{d^2 s}{dt^2} = \frac{m}{r^2}.$$

Wollte man nun hier eine Variable einführen

$$x = \frac{\frac{m}{r^2}}{\frac{d^2s}{dt^2}}$$

und weiterhin eine Variable w definiren

$$w = F(x),$$

so würde die astronomische Erfahrung doch nur dies sagen, dass die Variable w, welche der früheren »Wirkung« entspricht, dieselbe ist, so oft x dasselbe wird. Diese Allgemeinheit würde erst dann durchbrochen, sobald Jemand eine weitere Variable einführen wollte, also etwa die Fortpflanzungsgeschwindigkeit der Attraction oder sonst etwas. Dann allerdings könnte man w präcisiren als etwa ebendiese Fortpflanzungsgeschwindigkeit und x als den Correctionsfactor des *Newton*'schen Gesetzes bezeichnen. Aber sofort könnte man wieder eine neue »Wirkung« und hiermit eine neue willkürliche Function einführen.

Für die Photometrie tritt nun allerdings das Bedürfniss ein, jene Allgemeinheit zu durchbrechen, wie sich schon dadurch kundgibt, dass man das Grundgesetz in der Form

$$dL' = df \cdot \cos\varepsilon \cdot \frac{1}{r^2} \cdot \cos i'' \cdot J$$

schreibt, welche mehr sagt, als die von *Lambert* mitgetheilten Erfahrungen zulassen. Aber es muss L.'s Bemühen, an *dieser* Stelle einen Schritt weiter zu kommen, nach den hier mitgetheilten Auseinandersetzungen vergeblich und direct unrichtig sein. Möglich und zweckmässig wird diese Bemühung dann, wenn die Erfahrung neue Mannigfaltigkeiten, d. h. kurz neue Variablen, darbietet und hiermit zugleich ein Gebiet für neue Versuche eröffnet. Dies tritt ein, sobald Lichtwirkungen anderer Art in Frage kommen.

Eine solche ist z. B. die *photographische Helligkeit*. Diese neue Art der photometrischen Beobachtung stellt ohne Weiteres die Aufgabe, die neu auftretende Variable, nämlich den Durchmesser des photographischen Scheibchens in Zusammenhang zu bringen mit der Variablen dL' oder, correcter gesagt, mit irgend einer der im Ausdruck für dL' auftretenden Variablen. Diese Aufgabe ist durch *Charlier* behandelt worden in der schönen Abhandlung *Ueber die Anwendung der Sternphotographie zu*

Helligkeitsmessungen der Sterne. Publication der astronomischen Gesellschaft XIX. Leipzig 1889.

Eine ähnliche Veranlassung — um statt vieler nur noch eine zu erwähnen — bietet sich, wenn man die *physiologische Helligkeit* in Frage zieht. Dieser Gegenstand ist erledigt worden durch das *Fechner*'sche psychophysische Gesetz. Vergl. Note § 265 bis 270.

Es ist also vom Standpunkt der wissenschaftlichen Induction, auf welchem die *Lambert*'sche »*Photometria*« steht und der insofern auch für diese Bemerkungen maassgebend sein muss, ohne Sinn, über objective Helligkeiten etwas ausmachen zu wollen. Das einzige, was sich thun lässt, ist die Erweiterung der Erfahrungsgebiete mit gleichzeitiger entsprechender Erweiterung des *Lambert*'schen Gesetzes.

Dass übrigens das *Lambert*'sche Gesetz bezüglich der Grösse cos i' gar nicht erwiesen ist, wurde schon mehrfach erwähnt. Man vergl. hierzu Note 62).

256) Die Anwendung von Spiegeln ist schon deshalb von Vortheil, weil jeder nur einen beschränkten Raum beleuchtet.

Ein *Pariser Fuss* = 324.839, ein Zoll = 27.070, eine Linie = 2.256 mm.

259) In dem Versuche, über den sich L. hier Bedenken macht, hat die Reduction einen Rechenfehler.

262) Letzter Absatz: Man muss darüber hinwegsehen, dass die Verhältnisse der Figur nicht mit der Bezeichnungsweise stimmen (z. B. »nächste Kerze«). — Angewandt ist der Satz, dass im rechtwinkeligen Dreieck das Quadrat einer Kathete gleich ist dem Product ihrer Projection mit der Hypotenuse.

§ 265 bis 270: **Das Urtheil des Auges.** Es ist sehr zu bedauern, dass der fundamentale Versuch 6 so vollständig missglückt ist. Denn gerade *Lambert* wäre der geeignete Mann gewesen, ein Jahrhundert früher, als es inzwischen geschehen ist, die Consequenzen zu ziehen.

Es dürfte nicht leicht sein, zu entscheiden, welche unter den verschiedenen störenden Ursachen (z. B. dass die verglichenen Intensitäten nicht benachbart sind, oder dass das Emanationsgesetz der beleuchteten Fläche zu speciell angenommen wurde, nämlich unabhängig vom Incidenzwinkel) die maassgebende gewesen ist.

Wären solche Fehlerquellen nicht vorhanden gewesen, so hätte sich § 266 in der letzten Columne stets dieselbe Differenz ergeben müssen. Dies würde heissen, *dass die kleinste Differenz* zwischen zwei Lichtintensitäten, welche von einem Beobachter eben noch als *Differenz* empfunden wird, proportional der Grösse dieser Intensitäten ist. Mit anderen Worten: *Es ist das Verhältniss der kleinsten merkbaren Intensitätszunahme zur Intensität selbst für denselben Beobachter bei allen beliebigen Intensitäten eine Constante.* Dies ist das *Fechner*sche psychophysische Gesetz, so genannt, weil *Fechner* der erste war, der die ganze Tragweite des Gesetzes erkannt hat. Seine erste Besprechung des Gegenstandes befindet sich in der Abhandlung *Ueber ein psychophysisches Grundgesetz* (Abhandlungen der Königl. Sächs. Gesellschaft der Wiss., Bd. 4) vom Jahre 1858.

Fechner fand das Gesetz, indem er zwei dicht aneinander grenzende Wolkenflächen, deren Helligkeitsdifferenz eben noch zu constatiren war, das eine Mal mit blossem Auge, das andere Mal durch ein absorbirendes Glas beobachtete. In beiden Fällen machte der Helligkeitsunterschied denselben Eindruck. Der Versuch wurde in verschiedener Weise abgeändert, z. B. indem man die zwei Schatten verglich, welche ein Stab durch Beleuchtung von zwei Kerzen auf eine Tafel warf, oder auch, indem man die eine Kerze sehr weit entfernte und dann den Tafelgrund mit dem einen Schatten verglich. So fand *Volkmann*, welcher in *Fechner's* Auftrag die Versuche ausführte, für seine Person die erwähnte Constante $= 1 : 100$.

Nachträglich bemerkte *Fechner*, dass solche Versuche schon vor ihm von *Bouguer*, *Arago*, *Masson* und *Steinheil* gemacht worden waren.

Bouguer (*Traité*, Buch 1, Abschn. 2, Art. 1) benutzt zum Versuch, ähnlich wie *Fechner*, 2 Lichtquellen. Er findet den Factor $= 1 : 64$.

Arago, *pop. Astronomie*, Theil 1, S. 168, Ausg. von *Hankel*, reproducirt nur *Bouguer*, und bemerkt, dass bei Bewegung des Schattens (durch die Bewegung des schattenwerfenden Körpers) die Empfindlichkeit gesteigert wird. — In den *Mémoires sur la photométrie*, S. 256, benutzt er ein *Rochon'*sches Prisma, welches ein Doppelbild erzeugt, und schwächt dann durch ein Nicol das eine derselben ab.

Masson (Ann. de Chim. et de Phys. 1845, T. XIV, p. 150) verwendet eine rotirende Kreisscheibe, auf welcher sich ein schwarzer Fleck befindet. Der Versuch wird durch Hinzuziehung elektrischen Lichtes modificirt. Er findet für seine Person den Factor im Mittel $= 1 : 100$.

Steinheil (*Elemente der Helligkeitsmessungen*) bestimmte den mittleren Fehler einer Anzahl von Vergleichungen zwischen denselben zwei Lichtintensitäten, von denen die eine constant, die andere willkürlich veränderlich war, also durch Neueinstellung (beobachtet wurde mit dem Prismenphotometer) der gegebenen gleich gemacht werden konnte. Es ergab sich, nachdem das Verfahren auf 3 verschiedene Intensitäten der constanten Lichtquelle angewendet war, der mittlere Fehler ziemlich constant $= 1 : 38$.

Das Gesetz hat eine untere und eine obere Grenze, nach deren Ueberschreitung es ungenau und schliesslich sogar falsch wird. — Die *untere* Grenze entsteht dadurch, dass auch ohne äusseren Lichtreiz stets eine Gesichtsempfindung stattfindet, indem das schwarze Gesichtsfeld noch immer ein Gegenstand der Wahrnehmung ist. Dieses Licht, welches *Fechner* mit »einer für das Auge normalen Hallucination« vergleicht und welches man auch als Eigenlicht des Auges bezeichnet hat, addirt sich zu dem von aussen eindringenden Lichtreiz. Ist nun das *Fechner*'sche Gesetz richtig für die Summe des von aussen kommenden und des Eigenlichtes, so wird es streng zu gelten aufhören, wenn man, wie es thatsächlich geschieht, dieses Gesetz lediglich auf das äussere Licht bezieht. Doch wird diese Abweichung erst merkbar, wenn das Eigenlicht gegenüber dem äusseren Licht beträchtlich, d. h. wenn die äussere Intensität klein wird. Daher die untere Grenze. *Fechner* hat (Ueber ein psychophys. Grundges. S. 182) eine Methode angegeben, den Betrag des Eigenlichtes zu bestimmen. — Nicht so leicht ist die Erklärung der *oberen* Grenze. Jedenfalls ist sie überschritten, sobald bei starken Intensitäten das Organ leidet.

Das *Fechner'sche Gesetz*, welches sich auch auf andere Gebiete der sinnlichen Wahrnehmung erstreckt, z. B. Tonhöhen, Gewichte, Linearmaasse, erklärt zahlreiche Erscheinungen des täglichen Lebens. Auf dem Gebiet der Optik gehört hierher die Erklärung dafür, dass man die Sterne bei Tage nicht sieht; denn bei Nacht sind die beiden verglichenen Intensitäten: dunkeler Himmelsgrund und Stern, bei Tage dagegen: erleuchtete Atmosphäre und erleuchtete Atmosphäre $+$ Stern; der *relative* Unterschied ist aber im letzteren Fall weit kleiner als im ersten.

Um die photometrischen Consequenzen des Gesetzes ziehen zu können, spricht man dasselbe weitergehend in der Form aus, dass *gleichen relativen Helligkeitszuwüchsen gleiche absolute Empfindungszuwüchse entsprechen*, d. h. dass

$$dE = A \frac{dH}{H + H_0}.$$

wo E die Empfindung, H die Helligkeit, H_0 das dem einzelnen Beobachter eigenthümliche Eigenlicht und A eine gleichfalls vom Beobachter abhängige Constante bezeichnet. Hieraus folgt

$$E = A \log C + A \log (H + H_0),$$

wo $A \log C$ die Integrationsconstante ist. Nach H aufgelöst hat man

$$H = - H_0 + \frac{1}{C} e^{E:A}.$$

Hieran schliessen sich zwei für die Photometrie fundamentale Folgerungen: 1) über *die Ausgleichung der Beobachtungen*, 2) über *die Schätzung der Sterngrössen*. Man vergl. über ersteres Note § 271 bis 306, über letzteres Noten zu Theil 6, Kapitel 3.

268) L.'s Bemühen geht offenbar dahin, ein solches Maass aufzusuchen, in Bezug auf welches die Helligkeitsdifferenzen constant werden sollen. Da nach ihm die Helligkeit selbst ein solches Maass nicht ist (§ 267: die Differenzen »sind nicht ein bestimmter Procentsatz der gesammten Helligkeit«), so versucht er es mit dem absoluten Betrag der Helligkeitsdifferenzen, und da hier der Verlauf der Differenzen in den entgegengesetzten umschlägt als vorher, so macht er einen weiteren Versuch mit den Differenzen der subjectiven Helligkeit (*claritas apparens* = subj. Hell., welche sich auf die Oeffnung der Pupille bezieht, wäre hier der richtige Ausdruck; L. sagt: cl. visa, demnach auch im Text: scheinbare Hell., wodurch nicht viel gebessert wird. Der hier benutzte Ausdruck für die Pupillenöffnung stimmt übrigens nicht mit dem Ergebniss der Untersuchung Theil 4, Kapitel 2.

270) Hier endlich kommt L. auf die ursprüngliche Hypothese zurück, jedoch unter Bezugnahme auf die claritas apparens. Diese Form des Resultats ist diejenige, welche er später zu citiren pflegt.

§ 271 bis 306. Ueber die Ausgleichung der Beobachtungsfehler. Dieser Abschnitt wurde weggelassen, da der Inhalt theils jedem Anfänger bekannt, theils veraltet ist. Das Ganze culminirt in folgenden Sätzen: 1) Fortwährende einseitige Abweichungen verrathen einen Fehler des Gesetzes, welches zu prüfen ist, oder einen Fehler der Methode (des Instrumentes), 2) der wahrscheinlichste Werth directer Messungen ist das arithmetische Mittel, 3) um den Grad der Genauigkeit zu beurtheilen, nimmt man einmal direct das Mittel, schliesst dann diejenige Beobachtung aus, welche sich vom Mittel am weitesten entfernt, und bildet von neuem das Mittel. Die Differenz zwischen beiden Mitteln »zeigt am genauesten an, wie weit das Gesammtmittel zweifelhaft ist«; von dieser Bestimmung des grössten plausiblen Fehlers wird später häufig Gebrauch gemacht.

Das moderne Ausgleichungsverfahren ist durch das *Fechner'sche Gesetz* bestimmt. Da nicht die Helligkeiten, sondern deren Logarithmen psychisch empfunden werden, oder auch, da der mittlere Fehler der Helligkeitslogarithmen constant ist *(Steinheil)*, so folgt, dass es die *Logarithmen* der gemessenen Helligkeiten sind, welche man nach der Methode der kleinsten Quadrate auszugleichen hat. Hiernach ist z. B. bei directen Messungen das *geometrische* Mittel der wahrscheinlichste Werth. Das Verdienst, diese Art der Ausgleichung eingeführt zu haben, gebührt *Seidel*, der das Verfahren allerdings in anderer Weise plausibel gemacht hat (vergl. *Resultate photometrischer Messungen* u. s. w. S. 8 fgde.).

§ 307 bis 314: Cautelen bei photometrischen Messungen. Der Abschnitt ist mehrfach charakteristisch für *Lambert*.

310) *Bewegung der Fibrillen*, vergl. Note § 832 bis 834.

Theil II. Die Lichtschwächung bei Brechungen und Reflexionen.

Kapitel 1. Ebene Gläser von vollkommener Durchsichtigkeit. Die Ueberschrift lautet: *Experimentis definitur quantitas luminis a planis vitreis perfecte pellucidis reflexi et refracti. Utraque perlustratur calculo.*

Kapitel 2. Ebene Gläser von unvollkommener Durchsichtigkeit. Die Ueberschrift lautet: *Instaurantur experimenta et calculus pro tabulis vitreis minus diaphanis.*

Beide Kapitel wurden wegen des vollkommen veralteten Inhaltes weggelassen. Der Gang der Untersuchung ist folgender: Auf eine planparallele Glasplatte falle unter einem Winkel γ (angulus inclinationis) ein Lichtstrahl von der Intensität 1 auf, und spalte sich an der ersten Trennungsfläche in einen reflectirten Strahl von der Intensität q und einen gebrochenen von der Intensität n. Der letztere spaltet sich an der zweiten Trennungsfläche abermals und zwar in einen reflectirten von der Intensität p und einen austretenden von der Intensität m, vorausgesetzt, dass hierbei wieder die Intensität des ankommenden Strahles $= 1$ gesetzt wurde. Da nun $q + n = 1$, $p + m = 1$, so bleibt das Problem: *q und p als Functionen des Winkels γ zu finden.*

Aus der Summe Antheile, welche bei unendlich oft wiederholtem Hinundhergehen in einer einzigen Glasplatte nach aussen abgegeben werden, setzt sich ein resultirender nach oben gehender Strahl M zusammen, und ein nach unten gehender Strahl von der Intensität N. Dann sind M und N angebbar als Functionen von p und q; und M und N sind die Grössen, welche sich beobachten lassen. Dies wird so arrangirt:

Es werden x Glasplatten genommen, und wiederum die gesammte nach oben und nach unten austretende Lichtmenge X und Y als bekannte Functionen von M und N dargestellt. Nun wird durch Versuche für ein gewisses x der Winkel γ so bestimmt, dass $X = Y$ wird. Aus dieser Gleichung ergibt sich also eine Beziehung zwischen M und N, mithin sind M und N vollständig gegeben, wenn, wie bei vollkommen durchsichtigen Gläsern, noch überdies $M + N = 1$ ist. Dies geschieht auch für andere x und mithin erhält man für eine Reihe von γ die zugehörigen M und N.

Nun sind aber die beiden Gleichungen, welche M und N als Functionen von p und q darstellen, nicht von einander unabhängig; sie genügen also nicht, um nach p und q aufzulösen. Deshalb ist eine zweite Versuchsreihe erforderlich, welche lediglich reflectirte Strahlen liefert. Diese Versuchsreihe, zu welcher ein Glasprisma als reflectirender Körper verwandt wird, ist aber auf zwei Beispiele beschränkt geblieben, so dass die Bestimmung von p und q auf diesem Wege nicht weiter verfolgt wird. Durch das Bisherige hat sich folgende Tabelle ergeben:

der Anzahl x von Glastafeln	entsprechen die Winkel $90^\circ - \gamma$	und diesen die Grössen M
1	$14\tfrac{1}{2}^\circ$	0.5000
2	22	0.3333
3	27	0.2500
4	31	0.2000

der Anzahl x von Glastafeln	entsprechen die Winkel $90° - \gamma$	und diesen die Grössen M
5	35°	0.1667
6	39	0.1429
7	43	0.1250
8	47	0.1111
9	50½	0.1000

Um weiter gehen zu können, wird eine theoretische Entwicklung aufgesucht. Hierzu nimmt L. an, dass Brechung und Reflexion in der Weise zu Stande kommen, dass der fortschreitende Strahl längs einer äusserst kleinen Strecke seines Weges continuirliche Verluste erleidet. Der Rest des diese Strecke durchdringenden Lichts ist das gebrochene, der Verlust das reflectirte Licht. Es heisse die Lichtstärke des fortschreitenden Strahles v, der durchlaufene Weg innerhalb jener kleinen Strecke sei s und k sei eine Constante. Dann wird nach der Art, wie man sich die Absorption vorstellt, der Verlust an Intensität proportional sein der Intensität selbst und dem durchlaufenen Wegelement. Es wird also sein

$$- dv = k v ds.$$

Lambert sieht sich aber, um Uebereinstimmung mit den Beobachtungen zu erzielen, veranlasst, den Factor $\sec \gamma$ hinzuzufügen. Es wird sodann statt des durchlaufenen Weges s dessen Projection auf die Normale der Grenzfläche eingeführt und unter Rücksicht auf die Krümmung der Bahn des fortschreitenden Strahles (auch die Ablenkung erfolgt continuirlich, etwa wie bei der astronomischen Refraction) ein Ausdruck aufgestellt, welcher in eine nach Potenzen von $\operatorname{tg}^2 \gamma$ fortschreitende und mit dem gemeinsamen Factor $\sec^2 \gamma$ behaftete Reihe entwickelt wird. Indem nur das erste Glied beibehalten wird, erhält man durch Integration

$$- \log v = a \sec^2 \gamma,$$

wo a eine Constante ist, welche durch die Beobachtungen bestimmt werden muss. Indem man sich unter v einmal die Intensität des fortschreitenden Strahles beim Eindringen, ein zweites Mal die Intensität desselben beim Austreten vorstellt und in beiden Fällen die Constante a den Beobachtungen gemäss bestimmt, ergibt sich

$$\log \text{brigg.} (1 - q) = - 0.0087214 \sec^2 \gamma$$
$$\log \text{brigg.} (1 - p) = - 0.0199966 \sec^2 \gamma.$$

Für die Winkel γ der vorigen Tabelle werden aus den hierdurch berechneten p und q die M abgeleitet und mit denjenigen der vorigen Tabelle verglichen. Die in der That vorzügliche Uebereinstimmung darf nicht überraschen, da die Formeln für p und q ihrer Ableitung nach nur den Charakter von Interpolationsformeln beanspruchen dürfen. Durch eine sehr weit gehende Extrapolation gelangt L. zu folgendem Endergebniss:

$90°-\gamma$	q	p	M
10°	0.4862	0.7766	0.7108
20	0.1578	0.3204	0.3622
30	0.0772	0.1653	0.2070
40	0.0474	0.1046	0.1376
50	0.0337	0.0705	0.0973
60	0.0264	0.0585	0.0802
70	0.0225	0.0499	0.0690
80	0.0203	0.0450	0.0624
90	0.0199	0.0448	0.0619

Bei der Betrachtung der unvollkommen durchsichtigen Gläser wird auf die Absorption des Lichtes auf den Wegen zwischen beiden Grenzflächen Rücksicht genommen. Doch gelangt L. hier nicht zu so allgemeinen Resultaten.

Dieser verfehlte Versuch *Lambert's* ist wohl der eingehendste, welcher gemacht worden ist, bevor das Problem durch *Fresnel* auf Grund der Polarisation des Lichtes formell erledigt wurde. Mit Hilfe zweier Sätze, nämlich 1) der Gleichheit der Bewegungen in unmittelbarer Nähe an beiden Seiten der Grenzfläche und 2) des Satzes von der Erhaltung der lebendigen Kraft, ergibt sich zunächst der Satz: Ist ein Lichtstrahl von der Intensität 1 unter dem Winkel α gegen die Einfallsebene polarisirt, und sind R_s und R_p die Intensitäten der senkrecht und parallel zur Einfallsebene polarisirten Componenten des reflectirten, D_s und D_p die entsprechenden des durchgehenden Strahles, so ist die Intensität des reflectirten Strahles

$$R_p + R_s = \sin^2\alpha \frac{\operatorname{tg}^2(\gamma-\gamma_1)}{\operatorname{tg}^2(\gamma+\gamma_1)} + \cos^2\alpha \frac{\sin^2(\gamma-\gamma_1)}{\sin^2(\gamma+\gamma_1)}$$

und die Intensität des durchgehenden Strahles

$$D_p + D_s = (\sin^2\alpha - R_p) + (\cos^2\alpha - R_s),$$

wovon jede Gleichung wieder in zwei andere zerfällt, indem homologe Glieder gleich sind. Hierbei hat γ die *Lambert'*sche

Bedeutung und es ist $n \sin \gamma_1 = \sin \gamma$, wo n der Brechungsexponent ist. Durch eine solche Mittelbildung, wie früher erwähnt wurde, findet sich für *natürliches* Licht

$$R = \tfrac{1}{2} \frac{\operatorname{tg}^2 (\gamma - \gamma_1)}{\operatorname{tg}^2 (\gamma + \gamma_1)} + \tfrac{1}{2} \frac{\sin^2 (\gamma - \gamma_1)}{\sin^2 (\gamma + \gamma_1)}$$
$$D = 1 - R.$$

Hiermit ist zur Vergleichung mit den *Lambert*'schen Zahlen die folgende Tabelle berechnet worden, wo die R den *Lambert*'schen q entsprechen und $n = 1.5$ gesetzt worden ist:

γ	R	R'
0°	0.0400	0.0400
10	0.0400	0.0401
20	0.0403	0.0417
30	0.0421	0.0552
40	0.0457	0.2453
50	0.0577	
60	0.0892	
70	0.1710	totale Reflexion.
80	0.3877	
90	1.0000	

Die R' sind hier so verstanden, als ob das vom Innern des Glases nach der Grenzfläche strahlende Licht natürliches sei und dort unter dem Winkel γ auffalle. Sie entsprechen also nicht den p *Lambert*'s, zu denen es überhaupt keine vergleichbaren Zahlen gibt, da das eingedrungene Licht theilweise polarisirt ist.

Soviel zur Beleuchtung der Resultate *Lambert*'s. Bezüglich der weiteren, nicht in die Photometrie gehörigen Theorie der Glasplatten und besonders der Reflexion an Metallen, welche in der praktischen Photometrie in Betracht kommen kann (Metallspiegel, Heliostaten), muss auf die Lehrbücher der theoretischen Optik verwiesen werden.

Kapitel 3. Dioptrische Photometrie. Eine Linse.

Unter den Ausdruck *Dioptrische Photometrie* wollen wir hier die Theorie der Lichtstärke in den Vereinigungspunkten der Strahlen eines dioptrischen Systems verstehen. Diese Theorie zerfällt naturgemäss in zwei Theile: A) die Theorie des *rein dioptrischen Bildes*, welches entsteht, wenn die Lichtstrahlen im gleichen Medium sich geradlinig fortpflanzen, wenn sie ferner an den Trennungsflächen in der Weise gebrochen werden, dass die vereinfachenden Voraussetzungen, welche der gewöhnlichen Dioptrik zu Grunde liegen, statthaft sind, endlich wenn dieses Brechungsverhältniss für Strahlen aller Farben das gleiche wäre. Hierzu kommt B) die Photometrie des *gestört-dioptrischen Bildes*. Dieselbe zerfällt, je nachdem man die erste, zweite oder dritte der gemachten Voraussetzungen fallen lässt, in 1) die Theorie des *gebeugten Bildes*, 2) die Photometrie des *Zerstreuungsbildes*, welches durch die Kugelgestalt der brechenden Flächen hervorgerufen wird, 3) die Theorie des *Dispersionsbildes*, welches durch die Farbenzerstreuung erzeugt ist. In jeder dieser Theorien hat man wieder zwei Fälle zu unterscheiden: *entweder* man betrachtet einen leuchtenden *Punkt*, *oder* eine leuchtende *Fläche*.

Die Photometrie des *rein dioptrischen Bildes* war schon vor *Lambert* bekannt. Er reproducirt sie hier in Kapitel 1, 2, und an ganz anderer Stelle: Theil 4, Kapitel 1. Die Darstellung ist umständlich, doch immer noch viel geschmackvoller als die seiner Vorgänger. Das *gestört-dioptrische Bild* erörtert L. nicht.

Um die Photometrie des *gebeugten Bildes* zu behandeln, kommt es darauf an, das optische System aus der Betrachtung zu eliminiren. Hierzu fingirt man *entweder* leuchtende Punkte auf derselben Seite der beugenden Oeffnung, wie der reelle leuchtende Punkt, legt diesen Punkten diejenigen Intensitäten bei, welche in der beugenden Oeffnung denselben Zustand hervorrufen, wie der reelle Lichtpunkt, und construirt zu diesen fingirten Punkten mit fingirten Intensitäten nach den Regeln der geometrischen Optik das gebeugte Bild (*Fraunhofer'*sche Beugungserscheinungen, bei welchen speciell der leuchtende Punkt im Unendlichen liegt) — oder man betrachtet direct die beugende Oeffnung in ihrem wirklichen Zustand, ebenso wie bei den gewöhnlichen (*Fresnel'*schen) Beugungserscheinungen, d. h. bezüglich der Richtungen der dort ankommenden und von dort fortschreitenden Strahlen, fasst dabei aber nicht ihre wirkliche, sondern ihre optische Länge ins Auge.

Der ersteren Auffassung bedient sich z. B. *Neumann* in seinen *Vorlesungen über theoretische Optik* (herausgegeben von *Dorn*, Leipzig 1885); die andere Betrachtungsweise hat *Helmholtz* benutzt in der Abhandlung über *die theoretische Grenze für die Leistungsfähigkeit der Mikroskope* (Wissensch. Abhandl., Bd. 2, S. 207 fgde.).

Für einen unendlich entfernten *leuchtenden Punkt* findet man die resultirende Intensität entwickelt und discutirt in den besseren Lehrbüchern der theoretischen Optik, auf welche hier verwiesen werden muss. Erwähnt sei nur, dass man den Winkelwerth des Durchmessers des gebeugten Scheibchens für mittlere Wellenlänge, nämlich

$$\frac{290''}{2 R^{mm}},$$

wo R der Radius der Objectivöffnung ist, als Diffractionsconstante des Fernrohres zu bezeichnen pflegt. — Bei endlicher Entfernung des leuchtenden Punktes ist das Problem gelöst durch *Lommel: die Beugungserscheinungen einer kreisrunden Oeffnung und eines kreisrunden Schirmchens (Abhandlungen* der k. Bayer. Acad. der Wiss. Bd. 15, 2. Abtheilung, München 1886). — Für eine unendlich entfernte *leuchtende Fläche* von gleichmässiger Intensität ist die Lichtvertheilung im gebeugten Bilde eingehend untersucht in *H. Struve's* Abhandlung: *Ueber den Einfluss der Diffraction an Fernröhren auf Lichtscheiben* (Mém. de l'acad. imp. de St. Pétersbourg, 7ᵉ série, tome 30, No. 8.).

Für die Photometrie sind die Untersuchungen *Voigt's* von Interesse (Wiedem. Annalen 3, S. 532, 1878), nach welchen die gewöhnliche Beugungstheorie zwar die geometrischen Verhältnisse im Beugungsbild richtig, die Intensitäten aber nur angenähert darstellt.

Die Photometrie des *Zerstreuungsbildes* hat eine Behandlung in dem Grade der Vollendung, welchen man beanspruchen muss und dessen sie fähig ist, meines Wissens noch nicht gefunden. Die Hilfsmittel liegen vollständig vor; und die Untersuchung selbst dürfte zwar ausgedehnt, aber recht leicht sich gestalten.

Bei der Photometrie der *Dispersionsbilder* fehlen dagegen noch die Grundlagen, da man den mathematischen Ausdruck für das Gesetz noch nicht kennt, nach welchem sich die Strahlen verschiedener Farben zu einer Gesammtintensität zusammensetzen. Eine Ueberschlagsrechnung hat *Helmholtz* angestellt in den *mathematisch-physikalischen Excursen* (Wiss. Abhandlungen Bd. 2, S. 127 fgde.) (übereinstimmend mit der Darstellung in der *physiol. Optik*). Er setzt »die Helligkeit der Spectralfarben durch die ganze Ausdehnung des Spectrums nahehin constant« und denkt sich das Bild aufgefangen in derjenigen

Ebene, in welcher sich die äussersten rothen und violetten Strahlen schneiden; die Strahlen, welche dann noch gerade nach dem Centrum des Dispersionsbildes gelangen, nennt er mittlere und ihren Brechungsindex N. Ist ferner ϱ_0 der Abstand des betrachteten Punktes vom Centrum des Dispersionskreises, r der Radius des letzteren, b der Radius des Objectivs und B eine Constante, so erhält man für die Intensität im Dispersionsbilde eines *leuchtenden Punktes*

$$J = \frac{2B}{N(N-1)} \left(\frac{b}{\varrho_0} - \frac{b}{r} \right).$$

Hat man eine gleichmässig *leuchtende Fläche*, so ist die Intensität im Dispersionsbild im allgemeinen constant, dagegen in der Nähe des Randes, wenn x die nach aussen positiv gemessene kürzeste Entfernung des Punktes vom Rande des geometrischen Bildes ist, und wenn

$$\frac{x}{r} = \cos \vartheta$$

gesetzt wird, spricht sich die Intensität durch die Formel aus

$$J = \frac{2Bb}{N(N-1)} r [\vartheta + \sin \vartheta \cos \vartheta + 2 \cos \vartheta \log \operatorname{tg} (45^\circ - \tfrac{1}{2} \vartheta)].$$

Sowohl bei der Beugung wie hier hat man bisher nur *gleichmässig* leuchtende geometrische Flächen betrachtet. Die Theorie der ungleichmässig leuchtenden bietet einen unendlichen Spielraum, doch lassen sich hier über Zu- und Abnahme der Intensität elegante Sätze angeben, deren Entwickelung hier unterdrückt werden muss.

So viel zur Orientirung. Wir kehren zum Detail des Textes zurück.

§ 486: **Weggelassen.** Enthält nichts zur Sache.

§ 487 bis 505: **Die mittlere Helligkeit des Bildes.** Die Fragestellung in dieser Allgemeinheit ist unzweckmässig. Eine Zusammenstellung des brauchbaren Inhalts dieses Kapitels, des folgenden und von Theil 4, Kap. 1 ist gelegentlich der letzteren Stelle in Note 812) gegeben.

487) Ausser von der *Reflexionsfähigkeit* wird auch von der Absorption in der Linse abgesehen. — Den Ausdruck *Brennpunkt* (Original: *focus*) braucht L. durchweg für den Vereinigungspunkt der Strahlen. Statt der Brennweite im heutigen Sinn führt er diejenigen Grössen ein, deren Function die

Brennweite ist, nämlich die 2 Radien der Linse und den Brechungsindex.

493) Führt man zu den Lambert'schen Bezeichnungen noch die Brennweite im heutigen Sinn ein $=f_0$, und ebenso den Brechungsindex des Glases $= n$, so ist L.'s Formel identisch mit den bekannten:

$$\frac{1}{h} + \frac{1}{f} = \frac{1}{f_0} \qquad \text{wo} \quad \frac{1}{f_0} = (n-1)\left(\frac{1}{c} + \frac{1}{e}\right).$$

L. setzt hier und im ganzen Werk $n = 1.5$. In Wirklichkeit ist für die D-Linie bei Crownglas $n = 1.5$ bis 1.6 (dem letzteren Werth meist näher), für Flintglas 1.6 bis über 1.7.

494) Nach den Vorbereitungen beginnt hier das Thema. — Wenn man, wie L. es thut, die Principien der Photometrie auf Experimente gründet, so wäre es consequent gewesen, an dieser Stelle das Grundgesetz (Note 36)) experimentell zu erweitern durch den Zusatz: Die Beleuchtung dL' ist proportional der Dichtigkeit eines Systems von geraden Linien, welche vom leuchtenden Element aus gezogen sind und deren Richtung im Weiteren durch das Brechungsgesetz der Optik bestimmt ist. Dieser Satz müsste an Stelle des Factors $\frac{1}{r^2}$ in das Grundgesetz eintreten.

Bei der Hervorhebung der Hauptsätze in den folgenden Noten sollen dieselben nur für unendlich kleine Flächenstücke ausgesprochen werden, da mit den *allgemeinen Sätzen* Lambert's gar nichts gewonnen ist.

Der allgemeine Satz wird in drei Formen ausgesprochen (vergl. Note § 214 bis 225): nämlich im vorliegenden § nach § 215, ferner in

495) nach § 217, endlich in

497) nach § 222; diese Form kommt *später* häufig zur Anwendung.

499) Die Formel $r_i = \pi \cos^2 \omega \, \text{tg}^2 \, AFC$, welche nur eine Modification der vorigen Form ist, wird im *Nächsten* häufig angewendet. — Bezeichnet man bei einer brechenden Kugelfläche die Neigung eines beliebigen Strahles gegen die Axe und ebenso die Neigung des Radius, welcher zum Einschneidepunkt des Strahles in die Fläche gehört, gleichfalls gegen die Axe, als kleine Grössen erster Ordnung, so beruhen die Formeln der Dioptrik darauf, dass man nur die ersten Potenzen dieser Neigungen berücksichtigt hat. Die obige Lambert'sche Gleichung

beruht auf diesen Formeln der Dioptrik, mithin auch auf ihren Voraussetzungen, und demnach könnte es scheinen, dass in ihr die Genauigkeit bis auf die zweite Potenz (in $\cos^2 \omega$) nur fingirt wäre. Dies ist aber nicht der Fall. Es lässt sich nämlich leicht zeigen, dass allerdings die Schnittpunkte beliebiger Strahlen mit der Axe vom Vereinigungspunkt der Centralstrahlen um kleine Grössen zweiter Ordnung entfernt sind, dass aber ihre Schnittpunkte mit einer Ebene, welche im Vereinigungspunkt der Centralstrahlen auf der Axe senkrecht steht, vom Einschneidepunkt der Axe nur um Grössen dritter Ordnung abstehen. Diese *letzteren* Distanzen aber sind es, welche im vorliegenden Falle in Frage kommen. Selbstverständlich aber könnte man in $\operatorname{tg}^2 AFC$ statt der Tangente ebenso gut den Sinus oder den Bogen setzen. Diese Bemerkung soll zugleich für die zahlreichen ähnlichen Stellen im Späteren gesagt sein.

Dennoch wollen wir, als *praktisch* gleichgiltig, $\cos^2 \omega = 1$ setzen und den Hauptsatz in folgender Form notiren: *Leuchtet ein Element des Objectes mit der Intensität J, so ist die Beleuchtung im entsprechenden Element des Bildes*

$$ \eta = J \cdot \pi \cdot \operatorname{tg}^2 AFC. $$

Es ist nämlich die *Beleuchtung* (Lichtmenge durch betroffenes Flächenelement, vergl. Note 36)) der Grenzfall der mittleren Beleuchtung. Im Ausdruck für η ist also die leuchtende Fläche (Linsenoberfläche) noch als Factor enthalten. (Für ein endliches Object gilt der Satz fort, da sich Elemente des Objectes und des Bildes *neben* einander lagern.)

Diesen Factor zu eliminiren, denken wir uns dieselben Lichtstrahlen in entgegengesetzter Richtung verlaufend. Dann ist η die *Lichtmenge*, welche vom Bild aus auf die Linse gelangt, dividirt durch die Grösse des Bildelementes. Multiplicirt man diese Grösse noch mit dem Quadrat der Entfernung und dividirt durch die Grösse der beleuchteten Fläche, so bleibt nach dem Satz Note 36) (wobei hier Emanations- und Incidenzwinkel nicht in Frage kommen) die Intensität des leuchtenden Bildes übrig. Es ist aber: Linsenfläche durch Quadrat der Entfernung nichts anders als $\pi \operatorname{tg}^2 AFC$, also bleibt nach dieser Umformung des obigen Ausdrucks η die Intensität J übrig: d. h. also: *das dioptrische Bild einer Linse leuchtet mit derselben Intensität wie das Object.*

Einfacher ist der umgekehrte Weg. Der soeben gefundene

zweite Hauptsatz lässt sich nämlich ohne Rechnung direct einsehen (denn weil dieselben Strahlen auftreten, ist die *Beleuchtung* der Linse durch ein nach vor- und rückwärts gleich stark leuchtend gedachtes Bildelement dieselbe wie durch das entsprechende Objectelement; es verhalten sich aber die Grössen dieser Elemente wie die Quadrate ihrer Entfernungen von der Linse, wodurch sich die in den beiden Beleuchtungen ohnedies auftretenden Quadrate wegheben) und dann folgt aus ihm sofort der erste Lambert'sche (da man sich nach § 196 statt des mit J die Linse beleuchtenden Bildelements umgekehrt die Linse als mit der Intensität J das Bild beleuchtend denken darf, zugleich in der Verallgemeinerung, dass wenn die Oeffnung der Linse nicht kreisförmig ist, *der scheinbare Flächeninhalt* derselben, vom Bildpunkt aus gesehen (d. h. Flächeninhalt durch Quadrat der Entfernung), an Stelle von $\pi \operatorname{tg}^2 AFC$ zu setzen ist. — Der zweite Hauptsatz gilt übrigens für jedes dioptrische System mit gleichem Anfangs- und End-Medium; im andern Falle kommt ein Factor hinzu, welcher speciell für das Auge constant ist.

Die Vereinfachung $\cos^2 \omega = 1$ hat neben der Leichtigkeit der soeben angedeuteten umgekehrten Entwickelung noch den Vortheil, die folgenden Specialfälle (§ 500 bis 505) entbehrlich zu machen.

§ 506 bis 520: Der Lichtverlust durch Schwächung im Glas und durch Reflexionen an der Oberflächen der Linsen. Da die Neigung der Strahlen gegen die Axe klein ist, so darf man den Lichtverlust (Kap. 1 und 2) constant setzen für alle Strahlen. Bei unserer Vereinfachung ($\cos^2 \omega = 1$) ist dies, wie leicht zu zeigen, stets, für *Lambert*'s Schreibweise der Resultate dagegen nur bedingungsweise statthaft. L. schweigt hierüber.

Der Inhalt dieses Abschnitts kommt also darauf hinaus, *dass den beiden Hauptsätzen Note 499) ein constanter Factor $\varkappa < 1$ zugesetzt wird.*

505) Wie Lambert auf diese Annahme kommt, ist mir unklar.

511) Der Ausdruck η, Note 499), ist eine »Beleuchtung«. Denkt man sich also das Bild durch einen Schirm aufgefangen, so sind η und die directe Beleuchtung λ commensurable Grössen. Zur Analogie mit Note 499) schreiben wir eben so richtig: Leuchtet das Object mit der Intensität J, so erhält das Bild die Beleuchtung

$$\lambda = J \cdot \varkappa \cdot \operatorname{tg}^2 gFG.$$

514) Die erste Gleichung stimmt nicht mit der Definition von $\varkappa$ in § 508. Setzt man $\varkappa \cos^2 gCG = \cos^2 AFC$, so wird das Resultat bis zu dem von Lambert erstrebten Genauigkeitsgrad richtig.

§ 521 und 522: Weggelassen, weil inhaltlos.

§ 523 bis 529: Die leuchtende Fläche reducirt sich auf ein einziges Element. Unter geringer Beschränkung der Genauigkeit ergab sich das Hauptresultat schon Note 499).

524) Vergl. die Formel Note 209).

527) *Lambert* wird hier den Folgerungen untreu, welche er (vergl. § 270) aus seinen Untersuchungen über die Verhältnisse gezogen hat, die dem heutigen *Fechner*'schen Gesetz zu Grunde liegen. Er nimmt vielmehr, genau dem *Fechner*schen Gesetz entsprechend, das Verhältniss des kleinsten merkbaren Unterschieds zum Betrag selbst als *constant* an, und zwar $= 1 : 20$.

529) Der Ausdruck *scheinbare Helligkeit* (*claritas visa*) ist nicht gut gewählt, wenn man die bestimmte Definition Note 37) zu Grunde legt. Auch das Citat am Ende des § ist deshalb unzweckmässig.

§ 530 bis 537: Prüfung des photometrischen Grundgesetzes. Hier wäre, genau *Lambert*'s Gedankengang entsprechend, der Platz gewesen für den experimentellen Beweis derjenigen Erweiterung des photometrischen Grundgesetzes, welche der dioptrischen Photometrie zu Grunde liegt (vergl. Note 494), desgl. die Note § 226 bis 264). L. setzt dagegen diese Erweiterung als richtig voraus und hat damit einen neuen photometrischen Apparat gewonnen, dessen er sich fortan häufig bedient. — Der Werth der folgenden Experimente ist nur ein historischer, weil sie einen Beitrag liefern, das lang gehegte Vertrauen in die experimentelle Berechtigung der *Lambert*'schen Principien zu rechtfertigen. Es bezieht sich:

Versuch 20 auf das Gesetz vom Quadrat der Entfernung,
Versuch 21 auf das Incidenzgesetz,
Versuch 22 auf das Emanationsgesetz.

Sachlich ist einzuwenden, dass die beiden letzten Versuche gar nicht beweisen, was L. will. Sie beziehen sich vielmehr auf das Gesetz für nicht-selbstleuchtende Körper. Vergl. Note 62).

Aber schon an sich müssen die Versuche falsch sein wegen einer Bemerkung, die *Zöllner* bei anderer Gelegenheit gemacht hat. Man vergl. Note 726). Dies gilt in stärkerem Masse für Versuch 22, wo nur *eine* Linse verwendet wird.

535) *Im anderen Falle:* Das soll heissen, wenn eH nicht $= gJ$ ist. Denn was die erste der im vorliegenden § besprochenen Bedingungen betrifft, so müssen unter *allen* Umständen Sinus und Bogen vertauschbar sein.

§ 538 bis 545: Die Beleuchtung ausserhalb der Bildebene.

540) Alle Strahlenkegel schneiden, da sie ihre Spitzen alle in einer Ebene, der Bildebene haben, in der Auffangebene Kreise von gleichen Durchmessern aus, so dass also $Rq = NQ = rS$. Da die Beleuchtung des Stückes der Auffangebene, welches allen Strahlenkegeln gemeinsam ist, dieselbe bleibt, wenn man die Spitzen der Strahlenkegel verschiebt, so verschiebe man sie sämmtlich nach dem Punkt F. Hiermit hat L.'s Verfahren seine Berechtigung.

541) Dem hier enthaltenen Hauptsatz wollen wir eine andere Form geben: Nach Note 499) war die *Beleuchtung* in der Bildebene (also was gleichgiltig ist, des Bildes oder eines Bildelements) $= J\pi \operatorname{tg}^2 AFC$; folglich ist die *Lichtmenge* aller Strahlenkegel $=$ derselben Grösse mal Inhalt des Bildes $= J\pi^2 F\varphi^2 \operatorname{tg}^2 AFC$; mithin wieder die *Beleuchtung* des gemeinsamen Raumes in der Auffangebene $=$ der letzteren Grösse durch Inhalt des Kreises $NQ =$

$$J\pi \frac{F\varphi^2}{MN^2} \operatorname{tg}^2 AFC.$$

Bezeichnet man die Entfernung zwischen der Bildebene und der Auffangebene mit r, so ist $MN = r \operatorname{tg} AFC$, also wird die gesuchte *Beleuchtung des gemeinsamen Raumes* $=$

$$J\pi F\varphi^2 \cdot \frac{1}{r^2}.$$

Für die Bildebene selbst wird $r = 0$, also der Ausdruck unendlich. Dies ist keineswegs paradox; denn ein gemeinsamer Raum ist für $r = 0$, wie überhaupt zwischen V und V' gar nicht vorhanden.

§ 546 bis 558: Weggelassen. Dieser Abschnitt behandelt zunächst die *Concavlinse*. Da ein physisches Bild nicht entsteht, so wird hier nur die Beleuchtung ausserhalb der Bildebene behandelt, und hier gelten fast wörtlich dieselben Schlüsse und

Sätze wie bei der Convexlinse. Dann folgen einige nicht interessante Sätze über brechende *Glaskugeln*, endlich *Hinweise* auf das Werk von *Smith-Küstner* und auf Abhandlungen *Euler*'s in den Schriften der *Petersburger* und *Berliner* Academie.

Kapitel 4. Dioptrische Photometrie. Mehrere Linsen.

§ 559 bis 595: **Weggelassen**. Es handelt sich zunächst um die *geometrische Optik der secundären Bilder*, d. h. der Bilder, welche durch Reflexionen und dazu kommende weitere Brechungen an den Trennungsflächen der Medien entstehen. Die Resultate sind elegant und der Gegenstand nicht unwichtig, da diese Bilder wiederholt den Astronomen Anlass zu viel besprochenen Täuschungen gegeben haben (Venusmond, vermeintliche Doppelsterne). Doch gehört die Sache nicht in die Photometrie. — Sodann wird die *Helligkeit dieser Bilder* bestimmt und hierbei die Ergebnisse von Kap. 1 und 2 dieses Theiles benutzt. Dieser Umstand begründet die Weglassung des Abschnittes.

§ 596 bis 613: **Brechung durch mehrere Linsen**. Es wird für mehrere Linsen der dem *Lambert*'schen Satz 499 entsprechende abgeleitet, nachdem zuvor die Lage der Strahlenkegel gegen die Linsenöffnungen berücksichtigt ist.

Viel einfacher schliesst man so: Es ist nach dem zweiten Hauptsatz Note 499) die Intensität, mit welcher das vorletzte Linsenbild leuchtet $=$ der des Objectes $= J$, dann ist nach dem ersten Satz Note 499) die Beleuchtung im letzten Bild $= J$ mal der scheinbaren Grösse der Basis des thatsächlich einfallenden Strahlenkegels, also proportional dem Flächenstück, welches der Strahlenkegel auf der Oeffnung der letzten Linse ausschneidet. Ist also die letzte Oeffnung vollständig in den dort ankommenden Strahlenkegel eingetaucht, so ist für die Beleuchtung im Bilde die Beschaffenheit des dioptrischen Systems gleichgiltig und nur die letzte Oeffnung maassgebend.

Des *Weiteren* vergleiche man die Noten zu Theil 4, Kap. 1.

602) Nach den Bemerkungen der vorigen Note gelten alle diese Sätze auch für *endliche* Entfernungen, zwar nicht gleich streng, doch ist der Fehler erst von der zweiten Potenz der Neigung der Strahlen gegen die Axe. Da indessen in diesem Kapitel hierauf niemals Rücksicht genommen wird, so rechtfertigt sich jetzt die Weglassung des Factors $\cos^2 \omega$ in Note 499).

606) Hier hat der Ausdruck *Brennweite (distantia focalis)* den heutigen Sinn.

Theil III. Das zurückgeworfene Licht.
Kapitel 1. Reine Reflexion.

§ 614 bis 628: **Allgemeines über das zurückgeworfene Licht.** Die Besprechung sei auf das folgende Kapitel verschoben, wo der Gegenstand hingehört. Die Hauptsache ist enthalten in § 620 (Entstehung des gefärbten Lichts), § 621 (*Lambert*'sches Grundgesetz für *nicht-selbstleuchtende Körper*), § 623 (Terminologie).

619) Es wäre interessant zu entscheiden, ob *Lambert* hier bereits eine Fluorescenzerscheinung beobachtet hat, da die Entdeckung der Fluorescenz gewöhnlich den viel späteren *Brewster* und *Herschel* zugeschrieben wird.

Zum Ausdruck: *blaues Sandelholz*. Das Original sagt *lignum nephriticum*, was die Lexica mit *Griesholz* übersetzen. Wie mir Herr Prof. *Goebel* in München mittheilt, ist unter dem lignum nephr. eben das sog. blaue Sandelholz, eine jetzt ganz obsolet gewordene Drogue, zu verstehen. Dies stimmt auch mit dem Namen Griesholz, da sein Absud früher gegen Nierensteine verwendet wurde. Das Holz kommt aus Mexico, doch ist die Stammpflanze nicht mit Sicherheit bekannt. — In den Lehrbüchern der Physik findet sich bei den fluorescirenden Substanzen das blaue Sandelholz nicht genannt.

§ 629 bis 636: **Weggelassen.** Es wird unter Bezugnahme auf die weggelassenen Kapitel 1 und 2 des zweiten Theiles gezeigt, dass bei Brennspiegeln, wo die Neigung der Strahlen gegen die Axe klein ist, auf den Inhalt jener Kapitel nicht Rücksicht genommen zu werden braucht.

§ 637 bis 641: **Vollkommen reflectirende Planspiegel**, d.h. es kommen die Kapitel 1 und 2 des zweiten Theiles nicht in Betracht.

§ 642 bis 656: **Spiegelnde Kugel.**

645) Die Bezeichnung ist nicht genau. Es sind
  in der vierten Formel statt Mm und Nn die Projectionen dieser Bögen auf die Richtung MN,
  in der fünften Formel statt Qq und Mm die Projectionen dieser Bögen auf die Richtung MQ
zu denken. Da der Factor, welcher durch die Projection eingeführt wird, wegen des Spiegelungsgesetzes in beiden Fällen (nämlich Richtung MN und Richtung MQ) derselbe ist, so hebt er sich in der sechsten Formel weg, und die Schlussfolgerung ist richtig.

647) Die Formel für $\sin MPL$ ist aus dem Ausdruck für

MPL in § 646 gebildet, und die Formel für MR aus der letzten Formel § 645.

651) Hier ist der Hauptsatz enthalten.

652) Specialfall: Der leuchtende Punkt ist im Unendlichen.

653) Engster Specialfall, nämlich der Satz, dass eine spiegelnde Kugel, welche aus hinreichend grosser Entfernung beleuchtet wird und deren zurückgeworfenes Licht in hinreichend grosser Entfernung aufgefangen wird, das Licht *nach allen Seiten* hin gleichförmig verbreitet, sich also wie ein leuchtender Punkt verhält. Es ist sehr leicht, den Satz seiner Form nach direct zu erweisen; ist aber die Form gegeben, so findet man wieder leicht die Constanten des Gesetzes, wenn man die Lichtmenge, welche auf die Kugel einfällt, mit derjenigen vergleicht, welche von ihr auf eine concentrische Kugelfläche ausgebreitet wird. Hiernach ist, wenn $\varDelta$ die Dichtigkeit (vergl. Note 42, zweite Bedeutung) des auf die spiegelnde Kugel auffallenden Lichtes, ϱ den Radius der spiegelnden Kugel und r' die Entfernung des von der spiegelnden Kugel beleuchteten Flächenelements bedeutet, die Beleuchtung senkrecht zur Richtung der gespiegelten Strahlen

$$\eta = \tfrac{1}{4} \varDelta \frac{\varrho^2}{r'^2}.$$

Dieser Satz, welcher übrigens nur im Raume, nicht in der Ebene (für den Kreis) gilt, kommt später mehrfach zur Anwendung. Es ist aber zu beachten, dass immer nur der Fall in's Auge gefasst ist, dass die reflectirte Menge vom Incidenzwinkel unabhängig ist, und dies ist weder nach *Lambert*'s eigenen Formeln (Theil II, Kap. 1 und 2) noch nach der heutigen Polarisationstheorie auch nur annähernd zulässig.

654) und 655): Wie hier, so zeigt sich L. stets umsichtig, wenn die Veränderung der Grössenordnung einer Variablen Einfluss auf das Resultat hat. — Man muss sich natürlich in den Formeln sec v mit dem Kugelradius multiplicirt denken, gegen welchen MK sehr gross ist.

§ 657 bis 670, welche eine zweite Ableitung enthalten, aber nicht zu so allgemeinen Resultaten vordringen, sind weggelassen.

§ 671: Beispiel. Die leuchtende Sonne wird unendlich entfernt angenommen, die beleuchtete Erde dagegen in endlicher Entfernung gedacht. Man beachte die Constanten Note 653).

Anmerkungen.

§ 672 bis 677: **Katoptrische Photometrie**. Eine Unterscheidung zwischen Dioptrik und Katoptrik macht man heute nur noch in den Elementarbüchern. Es ergeben sich die katoptrischen Formeln, wenn man in den dioptrischen den Brechungsexponenten $= -1$ setzt. Da es sich also nur um einen Specialfall handelt, so bleiben die früher im Text und in den Noten mitgetheilten Sätze fortbestehen.

672) Man schreibt die katoptrische Elementarformel (wenn wir L.'s Buchstaben beibehalten) gewöhnlich so:

$$\frac{1}{2a - CF} - \frac{1}{2a - CG} = \frac{2}{2a},$$

welche Gleichung mit der *Lambert*'schen identisch ist.

674) Es ist nicht richtig, wenn gesagt wird, DC werde $= 0$ gesetzt. Es wird vielmehr nur $AD = AC$ gesetzt, was eine Vernachlässigung der dritten Potenz bedeutet, während die zweite Potenz, also z. B. DC, festgehalten wird, wie sich sofort im Folgenden an der Mitnahme von $\cos^2 \omega$ zeigt.

676) Von den beiden zu L.'s Zeit bekannten Spiegelteleskopen, dem *Gregory*'schen und dem *Newton*'schen, hat nur das erstere diese Eigenthümlichkeit.

677) Das weggelassene Stück ist inhaltlos.

§ 678 bis 681: **Experimentelle Bestimmung der Reflexionsfähigkeit der Spiegel**.

§ 682 bis 695: Weggelassen ist die Discussion der Antheile, welche der vorderen und der hinteren Glasfläche bezüglich der Reflexion zukommen. Dabei wird Bezug genommen auf die weggelassenen Kapitel 1 und 2 des zweiten Theiles.

Kapitel 2. Photometrie der nicht-selbstleuchtenden Körper.

Das ganze Kapitel ist so breit und so reich an Wiederholungen, dass nur die fundamentale Bedeutung des Gegenstandes und der historische Werth dieses Abschnittes zu Gunsten der nahezu vollständigen Aufnahme entscheiden konnten. Weggelassen wurden daher lediglich einige rein triviale Auseinandersetzungen.

§ 696 bis 702: **Das Emanationsgesetz für nicht-selbstleuchtende Körper**. Es handelt sich um die Aufgabe: *gegeben* ist die Lichtmenge dL (Bezeichnung wie Note 36)), welche ein leuchtendes Element df dem beleuchteten df' zusendet; *gesucht* die Lichtmenge dQ, welche einem Element df'' vom Element df' zugesandt wird, vorausgesetzt, dass keine regelmässige

Spiegelung stattfindet. Wir bezeichnen den Emanations- und den Incidenzwinkel mit ε und i, und versehen diese Grössen mit keinem, einem oder zwei Indices, jenachdem sie an den Elementen df, df' oder df'' liegen. Sind noch r und r' die Entfernungen von df bis df' und von df' bis df'', so ist nach dem Grundgesetz für selbstleuchtende Körper, Note 36)

$$dL = Jdf \cos\varepsilon \, \frac{1}{r^2} \cos i' \, df' \, ,$$

und hierzu parallel schreiben wir

$$dQ = dq \cdot \frac{1}{r'^2} \cos i''' \, df''' \, ,$$

wo dq eine noch unbekannte Function ist. Diese Schreibweise setzt voraus, dass das Licht, nachdem es einmal das Element df' verlassen hat, in Bezug auf r', i'', df''' wieder dem früheren Gesetz folgt.

Wir scheiden nun diejenigen Variablen ab, welche sich lediglich auf das Element df' beziehen, und setzen

$$dL = A \cos i' \, df'$$

$$A = Jdf \cos\varepsilon \, \frac{1}{r^2} \qquad (1)$$

und bezeichnen A als die *Dichtigkeit der einfallenden Strahlen*; dann ist A diejenige Variable, welche den Lichtstrahl unmittelbar *vor* seinem Auffallen auf df', also ohne Rücksicht auf Grösse und Lage dieses Elements charakterisirt. Dann können im Ausdruck für dQ ausser den explicit hingeschriebenen r', i''', df''' nur noch folgende Variablen auftreten: das gegenseitige Azimuth χ der Normalen auf df und df' bezogen auf eine Ebene senkrecht zu r, das Azimuth ω zwischen dem eintretenden und dem austretenden Strahl, bezogen auf die Ebene df', ferner die Winkel i' und ε', endlich die Grösse df' und A. Es wird also mit Rücksicht auf (1) im allgemeinen sein:

$$dq = F(\chi, \omega, i', \varepsilon', df', A) ,$$

doch haben alle diejenigen Gesetze, welche bis jetzt aufgestellt und in Gebrauch gekommen sind, die specielle Form

$$dq = A \, df' \, \varphi(i', \varepsilon') . \qquad (2)$$

Wir wollen dq als die *Menge der in der Richtung ε' austretenden Strahlen* bezeichnen oder als austretende Lichtmenge (zum

Unterschied von Lichtmenge schlechthin, welche ausserdem noch von der Ausbreitung im Raum und von der Lage und Grösse des bestrahlten Flächenelements df''' abhängig ist). Es ist also die Dichtigkeit der einfallenden Strahlen nach (1) gegeben, die Menge der in der Richtung ε' austretenden Strahlen (2) gesucht; ist diese bekannt, so kennt man auch die dem Element df''' zugesandte Lichtmenge

$$dQ = dq \cdot \frac{1}{r'^2} \cos i'' \, df''', \qquad (3)$$

oder, wie man auch sagen kann, die Dichtigkeit der Strahlen beim Auffallen auf df''', nämlich

$$\varDelta' = dq \frac{1}{r'^2},$$

oder auch die Intensität der austretenden Strahlen

$$J' = \frac{dq}{df'' \cos \varepsilon'}, \qquad (4)$$

wo J' aus dem Ausdruck für dQ in derselben Weise abgeschieden wurde, wie früher (Note 36)) J aus dem Ausdruck für dL.

Es war nöthig, diese rein formalen Festsetzungen ein für allemal zu erledigen, um sie später in zahlreichen Einzelfällen zu ersparen. — Um jetzt die Function $\varphi(i', \varepsilon')$ zu bestimmen, erinnere man sich, dass nach § 623 der einfallende Lichtstrahl sich spaltet in eine reflectirte, eine zerstreute, eine ausgestrahlte und eine absorbirte Lichtmenge. Nur die *zerstreute* und die *ausgestrahlte* kommen für uns in Betracht.

Die *zerstreute* Lichtmenge zu erklären, nimmt man an, die Oberfläche des Körpers sei nur im Grossen und Ganzen eine geometrische Fläche, und bestehe im Einzelnen vielmehr aus zahllosen kleinen Spiegeln verschiedener Stellung. Diese Verhältnisse sind sehr ausführlich zuerst von *Bouguer* besprochen, jedoch nicht zur Aufstellung einer bestimmten Formel für $\varphi(i', \varepsilon')$ verwerthet worden (vergl. oben S. 61). Dagegen hat *Seeliger* in der Abhandlung »zur Photometrie zerstreut reflectirender Substanzen« gezeigt, dass die Function $\varphi(i', \varepsilon')$ die Form hat

$$k \chi \left(\frac{i' + \varepsilon'}{2}\right) \psi \left(\frac{i' - \varepsilon'}{2}\right),$$

wenn der eintretende und der austretende Strahl die Azimuthdifferenz 0 haben, und

$$k\chi\left(\frac{i''-\varepsilon'}{2}\right)\psi\left(\frac{i''+\varepsilon'}{2}\right),$$

wenn dieselben beiden Strahlen eine Azimuthdifferenz $= 180°$ besitzen. Dabei ist die Function χ abhängig von der Häufigkeit der verschiedenen Stellungen der spiegelnden Elemente, die Function ψ dagegen ist deshalb eingeführt, um die Abhängigkeit der am Elementarspiegel reflectirten Lichtmenge vom Incidenzwinkel allgemein zu lassen; endlich ist k eine Constante. *Seeliger* bemerkt hierzu: Weitere Folgerungen an die angestellten Betrachtungen zu knüpfen, scheint mir nicht am Platze.

Die *ausgestrahlte* Lichtmenge ist diejenige, vermöge deren wir die Körper in ihren Farben *sehen*. Da alle Körper, wenn auch theils in sehr geringem Grade, durchsichtig sind, so nimmt man an, die Lichtstrahlen dringen thatsächlich bis zu irgend einer Tiefe in den Körper ein, werden dort aus irgend einem Grunde zur Umkehr gezwungen und treten wieder aus. Die Veränderungen, welche gewisse Strahlengattungen auf dem Wege im Körper erfahren haben, verleihen den Körpern ihre Farbe.

Diese Vorstellung hat bereits *Lambert* richtig ausgesprochen in § 620. Aber unmittelbar darauf (§ 621) schliesst er irrthümlich, da man bis zu einer gewissen Tiefe die inneren Theile des Körpers als selbstleuchtende Raumelemente betrachten darf, dass deshalb dasselbe Emanationsgesetz gelten müsse wie für selbstleuchtende Körper. Wird demnach ein Element df' der geometrischen Oberfläche des Körpers von der Lichtmenge $\Delta \cos i'\, df'$ getroffen, so ist die in der Richtung ε' ausgestrahlte Lichtmenge

$$dq = c \cdot \Delta \cos i'\, df' \cdot \cos \varepsilon'.$$

Um die Constante c zu bestimmen, denke man sich mit dem Radius 1 um df' eine Halbkugel f'' beschrieben: dann wird einem Element df'' derselben die Lichtmenge $dQ = c \cdot \Delta \cos i'\, df' \cdot \cos \varepsilon'\, df''$ zugesandt und die ganze Hemisphäre erhält die Lichtmenge $Q = c \cdot \Delta \cos i'\, df' \cdot \pi$. Andererseits ist diese ganze ausgestrahlte Lichtmenge auch gleich der einfallenden, multiplicirt mit einem Factor $A < 1$, also ist auch $Q = \Delta \cos i'\, df' \cdot A$. Setzt man beide Ausdrücke für Q einander gleich, so folgt $c\pi = A$, und setzt man dies in die Formel für

dq ein und vergleicht diese mit (2), so erhält man das *Lambertsche Gesetz für nicht-selbstleuchtende Körper*

$$\varphi(i', \varepsilon') = \frac{A}{\pi} \cos i' \cos \varepsilon'. \qquad (2a)$$

Der Factor A, welcher angibt, wie viel vom auffallenden Licht wieder auf eine Halbkugel ausgesandt wird, heisst *Albedo*.

Hiernach wird, wenn $\varDelta$ die Dichtigkeit der auffallenden Strahlen ist, die von df' einem Element df''' zugesandte Lichtmenge

$$dQ = \frac{A}{\pi} \varDelta \cos i' \cdot df' \cdot \cos \varepsilon' \cdot \frac{1}{r'^2} \cdot \cos i''' \cdot df'''.$$

Bezeichnet man

$$J' = \frac{A}{\pi} \varDelta \cos i' \qquad (4a)$$

als die *Intensität* der austretenden Strahlen, so ist die Formel für dQ analog derjenigen für dL Note 36), und dies ist der Grund, weshalb man gewöhnlich von einem *Lambert'schen Gesetze* schlechthin redet. In diese Zeilen lässt sich, abgesehen von den Versuchen, der Inhalt des ganzen Kapitels zusammenziehen.

In Wirklichkeit sind für die Function φ maassgebend die Veränderungen, welche der Lichtstrahl auf seinem Weg im Körper erleidet, und die Art und Weise, wie er zur Umkehr gezwungen wird. In dieser allgemeinen Form gehört die Angelegenheit jetzt noch nicht in die Photometrie, sondern bildet eine von den schwierigsten und wichtigsten Fragen, mit welchen die heutige theoretische Optik beschäftigt ist. Dieser Umstand darf nicht hindern, in gewissen vereinfachten Fällen, die auch da und dort zutreffend sein werden, eine Lösung aufzusuchen.

Einen solchen Gedankengang hat zuerst *Lommel* eingeschlagen (*Wiedemann's* Annalen Bd. 10, S. 449 fgde.). Er nimmt an, dass der Lichtstrahl auf seinem Weg im Körper durch *Absorption* geschwächt werde und dass die Lichtmenge, welche ein Raumelement des Körpers trifft, nach allen Seiten *gleich* oder mit gleicher Wahrscheinlichkeit ausgestreut wird. Unter Absorption wird dabei ein Lichtverlust verstanden, welcher für ein unendlich kleines zurückgelegtes Wegelement proportional ist 1) der Lichtstärke selbst, 2) dem durchlaufenen Wegelement, so dass also, wenn dx das Wegelement und k eine Constante ist,

$$dv = -kv\,dx.$$

Durch Integration folgt hieraus

$$\tau = r_0 e^{-kx},$$

wo r_0 die Lichtstärke ist vor dem Eintritt in das absorbirende Medium.

Man denke sich nun eine aus Körperelementen bestehende Säule, welche rechtwinklig steht auf dem Oberflächenelement df' als Basis. Ist dann die Dichtigkeit der auf den Körper unter dem Winkel i' auffallenden Strahlen $= \Delta$, so ist die Dichtigkeit desjenigen Strahles, welcher in derselben Richtung fortschreitend bis zu einem von der Oberfläche um s entfernten Element der Säule gelangt ist, noch

$$\Delta e^{-k\frac{s}{\cos i'}}$$

und die in das Element eindringende Lichtmenge $=$

$$\Delta e^{-k\frac{s}{\cos i'}} df' ds,$$

mithin ist die in der Richtung ε' ausgestrahlte Lichtmenge $=$

$$\frac{B}{4\pi} \Delta e^{-k\frac{s}{\cos i'}} df' ds,$$

wo B dem früheren A entspricht. Auf dem Weg bis zur Oberfläche tritt abermals eine Absorption ein, so dass übrig bleibt

$$\frac{B}{4\pi} \Delta e^{-k\frac{s}{\cos i'}} df' ds \, e^{-k\frac{s}{\cos \varepsilon'}}.$$

Integrirt man diesen Ausdruck nach s zwischen den Grenzen 0 und ∞, so wird die gesammte in der Richtung ε' ausgestrahlte Lichtmenge, welche dem Oberflächenelement df' entspricht:

$$\frac{B}{4\pi k} \Delta \frac{\cos i'' \cos \varepsilon'}{\cos i' + \cos \varepsilon'} df'.$$

Nimmt man bei dieser Herleitung darauf Rücksicht, dass die in ein Körperelement eindringende und dort theils verschluckte, theils allseitig ausgestrahlte Lichtmenge nichts anderes ist als eben diejenige, welche ein durch dieses Körperelement gehender Lichtstrahl durch Absorption verliert, so tritt im Zähler noch der Factor k auf, so dass die Absorptionsconstante k aus dem Resultat verschwindet. Es ist also

$$\varphi(i'', \varepsilon') = \frac{B}{4\pi} \frac{\cos i'' \cos \varepsilon'}{\cos i' + \cos \varepsilon'}. \qquad (2\mathrm{b})$$

Diese Formel nenne ich das *Lommel-Seeliger'sche Gesetz*, da *Seeliger* dieselbe zuerst in der Astrophysik angewendet hat. B bezeichnen wir als das *Ausstrahlungsvermögen der Theilchen*.

Da jedes Theilchen nicht nur direct von aussen, sondern auch von anderen Theilchen beleuchtet wird, so ist die Lösung (2b) nicht vollständig. *Lommel* selbst hat in den »Sitzungsberichten der math.-physik. Classe der k. bayer. Acad. der Wiss.«, München 1887, S. 95 fgde. eine Functionalgleichung für die Function φ mitgetheilt und eingehend discutirt, und *Seeliger* hat in der Abhandlung »zur Photometrie zerstreut reflectirender Substanzen« unter Beschränkung auf zweimalige Zurückwerfung den expliciten Ausdruck angegeben, nach welchem die rechte Seite von (2b) noch den Factor erhält

$$1 + \mu \log \left[(1 + \cos i')^{\cos i'} (1 + \cos \varepsilon')^{\cos \varepsilon'} \right],$$

wo μ eine Constante ist; endlich hat mit Hilfe eines anderen Gedankenganges der Herausgeber in Nr. 3095 der »Astronomischen Nachrichten« (Bd. 129) gezeigt, dass der allgemeine Ausdruck für $\varphi(i', \varepsilon')$ 1) symmetrisch ist in Bezug auf i' und ε', 2) dass, wenn derselbe in eine Reihe von Einzelgliedern zerlegt wird, welche der Reihe nach den einmaligen, zweimaligen u. s. w. Zurückwerfungen entsprechen, diese Reihe stärker convergirt, als eine nach Potenzen von B fortschreitende geometrische Reihe, mit anderen Worten, dass, wenn man den Ausdruck (2b) als Näherung bezeichnet, das Restglied positiv ist.

Praktisch kommen nun, so gross auch das theoretische Interesse solcher Untersuchungen sein mag, weder das zu fordernde Gesetz für die zerstreute Spiegelung noch dasjenige für die Ausstrahlung aus dem Inneren des beleuchteten Körpers allein für sich betrachtet zur Geltung, da sich vielmehr beide Lichtarten vermischen werden. Es ist also von vornherein nicht ausgeschlossen, dass in gewissen Fällen das *Lambert*'sche Gesetz (2a), in anderen die Näherungsformel (2b), in anderen wieder ein früher sehr häufig und noch bis zur Gegenwart bisweilen angewendetes Gesetz

$$\varphi(i', \varepsilon') = \frac{C}{2\pi} \cos i' \qquad (2c)$$

den Beobachtungen genügen werde.

Solche Versuche hat *Seeliger* an einer Reihe irdischer Substanzen anstellen lassen und in der citirten Schrift publicirt. Die Resultate zeigen, dass das *Lambert*'sche Gesetz nur ausnahmsweise eine Näherung ist, dass die ausgestrahlte Lichtmenge vom Azimuth ω abhängig ist und dass für verschiedene Substanzen der Verlauf ein verschiedener ist.

Die im Text von *Lambert* mitgetheilten Versuche sind identisch mit den Versuchen 21 und 22. An jener Stelle sind sie nicht, wohl aber hier am Platze. Wendet man auf die vorliegenden Versuche die Bemerkung *Zöllner*'s (vergl. Note 726)) an, so hat L. wohl das schmälere Stück Ff zu dunkel geschätzt.

697) und 698) weggelassen. Es wird nur gesagt, dass farbiges und zerstreut gespiegeltes Licht sich vermischen.

§ 703 bis 712: **Der Begriff Albedo.** Weggelassen bis auf § 707, welcher den ganzen Inhalt erschöpft. Man beachte L'.s doppelte Anwendung des Wortes *Albedo*. Die erste gehört in die Theorie der Farbenmischung, die zweite ist identisch mit dem Factor A der Formel (2a) Note § 696 bis 702. — Der Factor A tritt nur in der *Lambert*'schen Formel (2a) (dieselbe Note) auf, während die Constanten anderer Gesetze $\varphi(i'', \varepsilon')$, z. B. des Gesetzes (2b), im Allgemeinen eine andere Bedeutung haben. Will man dennoch den Begriff festhalten, nämlich als das Verhältniss der vom Element df' auf eine Halbkugel, die um df' beschrieben ist, hingesandten Lichtmenge zu der in der Richtung i' auf df' einfallenden, also

$$\frac{\int dQ}{dL} = \frac{\int dq\, df''}{A \cos i'\, df'} = \frac{A\, df' \int \varphi(i'',\varepsilon')\, df''}{A\, df' \cos i'} = \frac{1}{\cos i'} \int \varphi(i'',\varepsilon')\, df''\,,$$

wo die Integrale auf die Halbkugel sich beziehen und die Formeln 1) 2) 3) angewendet wurden, so ist der gefundene Ausdruck im Allgemeinen noch von i', das unter dem Integral constant ist, abhängig. Dieser Umstand hat *Seeliger* (»Beleuchtung der gr. Plan.« Art. 5) veranlasst, den Mittelwerth für alle i' einer Halbkugel als Albedo zu definiren.

§ 713 bis 716: **Verwandlung des beleuchteten Elementes in ein selbstleuchtendes, wenn $A = 1$.** Vergl. Note § 766 bis 770.

713) *Vollkommene Albedo*, welcher Ausdruck hier zum ersten Mal vorkommt, bedeutet $A = 1$. — Die »Helligkeit« von AB ist eine Intensität J.

714) Die »Helligkeit« von F ist eine Intensität J' (4a).

§ 717 bis 724: **Albedo gemischten Lichtes.** Es mögen unter dem Incidenzwinkel i' die Lichtmengen $J_1\, J_2\, J_3 \cdots J_n$ der verschiedenen Strahlengattungen einfallen, und dann auf eine Halbkugel die Lichtmengen $E_1\, E_2\, E_3 \cdots E_n$ wieder ausgestrahlt werden, dann ist die Albedo (Lambert würde sagen rubedo, viredo, etc.) des Körpers in Bezug auf die einzelnen Strahlengattungen:

$$A_1 = \frac{E_1}{J_1} \quad A_2 = \frac{E_2}{J_2} \quad A_3 = \frac{E_3}{J_3} \cdots,$$

Dann ist aber die austretende Lichtmenge $A_1 J_1 + A_2 J_2 + \cdots + A_n J_n$ von anderer Farbe als die Lichtmenge $J_1 + J_2 + \cdots + J_n$, mithin sind beide nicht vergleichbar, also der Begriff Albedo hinfällig. Derselbe gilt also nur 1) für *homogenes* Licht, 2) wenn ein- und austretendes Licht *dieselbe Farbe* haben. Die Pluszeichen in den vorigen Summen haben nur symbolische Bedeutung; denn es müsste noch die Lichtmenge jeder Einzelfarbe mit ihrem Beitragswerth für die resultirende Farbe multiplicirt werden. Vergl. auch Theil 7, Kap. 1.

719) Diese beiden Schwierigkeiten, nämlich bezüglich der Leuchtkraft der einzelnen Strahlengattungen und der Farbenmischung, bestehen heute noch.

§ 725 bis 746: Princip der Albedobestimmung. Aus Note § 766 bis 770 ergibt sich die von A abhängige Intensität J', mit welcher G selbstleuchtend wird, und dann aus Note 499) (Bel. $= J' \pi \operatorname{tg}^2 AFC$) die Beleuchtung (durch G) in F. Die Gleichsetzung dieses Ausdrucks mit der directen Beleuchtung (durch L) in D gibt die Gleichung, welche nach A aufgelöst wird.

Die Gleichheit wird praktisch hergestellt durch Verschiebung von L oder von G oder Abänderung der Linsenöffnung AB. CF wird aus GC berechnet.

726) Die kugelförmige Gestalt der Lichtquelle ist nebensächlich. — Das Wort »Helligkeit« bedeutet an erster Stelle: Intensität, an zweiter Stelle: Beleuchtung dividirt durch $\pi = J'$.

Zöllner hat (»Phot. Unt.« S. 267 fgde.) die Bemerkung gemacht, dass auch die Lichtquelle L ein dioptrisches Bild auf der Wand DF und zwar jenseits F erzeugen muss. Dieses helle Bild muss durch Contrast das Bild von G in F dunkeler erscheinen lassen als es ist; es ist also die Beleuchtung in F grösser gewesen als in D. Hieraus schloss er und bestätigte durch Versuche (nachdem zwischen LD und GF eine zu diesen Richtungen parallele Wand eingeschoben war), *dass Lambert's Albedowerthe sämmtlich beträchtlich zu klein sind.*

730) Unter »Helligkeit« ist die Intensität J' verstanden, mit welcher G selbstleuchtend geworden ist.

731) Bezüglich des Wortes »Helligkeit« gilt genau dasselbe wie 726.

734) Statt »Durchsichtigkeit« bedient sich L. hier durchweg des Ausdrucks *impelluciditas*.

742) Man beachte L.'s Hinweis auf § 270. Vergl. auch Note dazu.

§ 747 bis 758: Albedobestimmungen. Die Versuche wären in dieser Ausdehnung nicht aufgenommen worden, wenn die späteren Citate diese Weglassungen gestattet hätten.

748) Das Citat gehört einem weggelassenen Abschnitt an. Man vergl. statt dessen die Note § 271 bis 306 Nummer 3.

752) und 753) weggelassen: Eine andere Papiersorte giebt $A = 2 : 13$, Charta bubula gibt $A = 1 : 12$.

754) Das Original sagt: ex cerussa albissima, quam vulgo Cremserweiss vocant, paravi pigmentum ... Herr Prof. *Krüss* in München schreibt mir hierzu: »Zu *Lambert*'s Zeiten verstand man unter *cerussa albissima* das nach einer alten holländischen Methode erhaltene reinste Bleiweiss, das im normalen Zustande nach unseren jetzigen Formeln folgende Zusammensetzung besitzt: $2 Pb\, C\, O_3 + Pb\, (OH)_2$. Die reinsten Präparate von Bleiweiss führen auch jetzt den Namen Kremser- (oder Silber-) Weiss.«

Königspapier; Original: charta regia.

756) *Mennige*, Orig.: *minium*. Wie mir Herr Prof. *Krüss* mittheilt, bezeichnete man im Alterthum (Plinius und Dioscorides) mit *minium* sowohl die Mennige (Rothes Bleioxyd $Pb_3\, O_4$) als auch das rothe Schwefelquecksilber oder Zinnober ($Hg\, S$); doch wurde zu *Lambert*'s Zeit das Wort »minium« nur für die Mennige gebraucht. — Das in F aufgestellte Blatt musste natürlich auch den Raum D umfassen, da F und D gleiche Farbe haben sollen.

757) *Kreuzbeersaft*, Original: succus baccarum rhamni. Gemeint ist offenbar der einheimische Strauch *Rhamnus cathartica, L.* = Kreuzdorn, dessen Steinfrüchte den Namen Kreuzbeeren = baccae rhamni catharticae führen.

§ 759 bis 765: Albedo gemischten Lichtes. Fortsetzung von § 717 bis 724. Die letzten Versuche compliciren die Sache etwas, da statt der in der Note § 717 bis 724 erwähnten 2 Summen $A_1 J_1 + A_2 J_2 + \cdots$ und $J_1 + J_2 + \cdots$ 2 andere auftreten, in welchen die A in der zweiten bezw. ersten Potenz vorkommen.

762) Die beiden Citate am Schluss beziehen sich auf § 1208 und auf § 1209.

§ 766 bis 770: **Verwandlung des beleuchteten Elementes in ein selbstleuchtendes.** Wurde für $A = 1$ bereits in § 713 bis 716 erörtert. *Gegeben* ist die Dichtigkeit der in der Richtung i' einfallenden Strahlen, *gesucht* die Intensität J', mit welcher df' dadurch selbstleuchtend wird. Der Gegenstand ist bereits erledigt durch Formel (4) Note § 696 bis 702. Es ist also

$$J' = \frac{dq}{df' \cos \varepsilon'},$$

oder wenn dq aus (2) eingesetzt wird:

$$J' = \frac{\varDelta \varphi(i', \varepsilon')}{\cos \varepsilon'}.$$

Setzt man, je nach den 3 verschiedenen Gesetzen (2a), (2b), (2c) die Ausdrücke für $\varphi(i', \varepsilon')$ ein, so folgt:

$$J' = \frac{A}{\pi} \varDelta \cos i'' \qquad (4a)$$

$$J' = \frac{B}{4\pi} \varDelta \frac{\cos i''}{\cos i'' + \cos \varepsilon'} \qquad (4b)$$

$$J' = \frac{C}{2\pi} \varDelta \frac{\cos i''}{\cos \varepsilon'}. \qquad (4c)$$

Ist statt des leuchtenden Elementes df eine leuchtende Fläche f vorhanden, so sind für jedes bestimmte ε' die $\varDelta$ und i' variabel und es ist für jedes bestimmte ε' das Integral der rechten Seite in (4a), (4b), (4c) über alle Punkte der leuchtenden Fläche f zu nehmen. Bei (4a) und (4c) ebenso bei jedem Gesetz (2), welches die Eigenschaft hat $\varphi(i', \varepsilon') = \cos i'' \cdot \psi(\varepsilon')$, tritt hierbei das Integral $\int \varDelta \cos i' = \int J df \cos \varepsilon \frac{1}{r'^2} \cos i''$ auf und dies ist eine *Beleuchtung* Deshalb ist dieser Begriff, auf eine selbstleuchtende Fläche und ein beleuchtetes Element bezogen, nur in diesem Fall zweckmässig und die Entwickelungen Theil I Kap. 2 berechtigt. In jedem anderen Fall, z. B. (4b), wo jenes Integral nicht auftritt, ist er unbrauchbar. Vergl. Note § 107 bis 165.

Praktisch ist dieser Begriff, aus anderen Gründen, überhaupt zu entbehren. Doch soll er auch in den Noten wegen seiner grossen Bedeutung bei L. beibehalten werden.

Wir folgen jetzt *Lambert*. Setzt man in (4a) für $\mathit{\Delta}$ seinen Ausdruck (1) und führt man hier wieder die scheinbaren Flächenelemente $d\varphi$ und Intensitäten J ein, so ist bei einer endlichen leuchtenden Fläche f:

$$\left. \begin{aligned} J' &= \frac{A}{\pi} \cdot \text{Beleuchtung} = \frac{A}{\pi} \int \mathit{\Delta} \cos i'' \\ &= \frac{A}{\pi} \int J\,df \cos \varepsilon \, \frac{1}{r^2} \cos i'' \\ &= \frac{A}{\pi} \int J\,d\varphi \cos i'' \, . \end{aligned} \right\} \quad (4\text{a}')$$

Für $J = $ Const. und $\varphi = $ Halbkugel wird also z. B. nach der letzten Form $J' = J \cdot A$ (Lehrsatz 36). Speciell für $A = 1$ ist $J' = J$ (Lehrs. 31).

Sind die Dimensionen der Lichtquelle klein genug gegenüber der Entfernung, so ist, wenn sich nur die Entfernung r der ganzen Lichtquelle ändert, nach der zweiten Form in (4a')

$$J' = \frac{A}{\pi} \frac{\cos i''}{r^2} \int J\,df \cos \varepsilon = J \frac{A}{\pi} \frac{\cos i''}{r^2} \text{ Const.}$$

Dies ist Lehrsatz 33 in der Form, wie ihn L. thatsächlich braucht. Für die beleuchtete Kugel gilt er ohne die erste Voraussetzung, wenn man i'' auf das Centrum der Kugel bezieht ($\cos i'' = 1$).

In der einfachen Form, in welcher die Verwandlung des beleuchteten Elements in ein selbstleuchtendes später gebraucht wird, nämlich (4a) und (4a'), ist dieselbe bei L. trotz der vielen Lehrsätze nicht ausgesprochen.

§ 771 bis 783: **Allgemeine Bemerkungen.**

771) Die falsche Nummerirung der Lehrsätze musste der Citate wegen beibehalten werden.

772) Dieser zweiten indirecten Methode der Albedobestimmung bedient sich *Zöllner* »Phot. Unt.« S. 271 fgde.

775) Als charakteristisch für L.'s Confusion in der Ausdrucksweise sei angeführt, dass statt des Wortes »Intensität« im Original »albedo« steht!

Theil IV. Das Auge.

Kapitel 1. Dioptrische Photometrie des Auges.

§ 784 bis 795: **Das Auge allein.**

787) Es ist also hier der Brechungsexponent des ganzen

Auges einfach $= 1.5$ gesetzt worden. Nach *Listing* hat man (entnommen *Helmh.* »phys. Opt.«)

Brechungsexponenten (Luft $= 1$) :   Krümmungshalbmesser:
humor aqueus $\tfrac{10\,3}{7\,7}$ Cornea 8^{mm}
Linse $\tfrac{16}{10}$ vordere Linsenfl.   10
corpus vitreum $\tfrac{10\,3}{7\,7}$ hintere   »   6

Entfernungen:
Hornhaut — vordere Linsenfl. 4^{mm}
Dicke der Linse   4

Hieraus berechnet sich:

erster Brennpunkt 12.83^{mm} vor der Hornhaut
zweiter   »   14.65   hinter der hinteren Linsenfläche
erster Hauptpunkt   2.17   hinter der Vorderfl. der Hornhaut
zweiter   »   2.57   »   »   »   »   »
erster Knotenpunkt   0.76   vor der Hinterfläche der Linse
zweiter   »   0.36   »   »   »   »   »

Es ist nun die Absehenslinie eines dioptrischen Systems die Verbindungslinie des zweiten Knotenpunktes mit dem Bildpunkt. Da sie dem *Lambert*'schen Kf entspricht, so verstehen wir unter K den zweiten Knotenpunkt. Dann ist $AK = 4^{mm} + 4 - 0.36 = 7.64$, und andererseits $KF = 0.36 + 14.65 = 15.01$. Mithin ist in der That *Lambert*'s Construction *sehr* nahe richtig.

791) Den Hauptsatz notiren wir in der Form: Leuchtet das Object mit der Intensität J, so erhält ein Bildelement auf der Netzhaut die Beleuchtung

$$\eta = \tfrac{2}{4} J \pi \operatorname{tg}^2 BFA.$$

Einfacher ist die Entwickelung auch hier, wenn man mit Hilfe von L.'s Construction den Satz ableitet, welcher dem zweiten Hauptsatz Note 499) entspricht (die Pupillenöffnung als bestrahlte Fläche angesehen), und wenn man dann von der Intensität auf die Beleuchtung schliesst. — Füllt der ankommende Strahlenkegel die Oeffnung der Pupille nicht aus, so erhält die rechte Seite der obigen Gleichung einen der Grösse proportionalen Verkleinerungsfactor.

§ 796 bis 801: **Das Auge und eine Brille.**

800) Dieser Satz ist eine Tautologie, welche nur den Begriff des dioptrischen Bildes umschreibt. Es scheint vielmehr, dass L. sagen wollte: Die Beleuchtung in einem Punkte der Netzhaut ist dieselbe, gleichgiltig, ob der Gegenstand mit oder

ohne eine Brille betrachtet wird. Da die Pupille beim Gebrauch einer Brille vollständig in den ankommenden Strahlenkegel eingetaucht ist, so ergibt sich dieser Satz ohne Weiteres aus dem Schlusssatz Note § 596 bis 613.

§ 802 und 803: **Weggelassen.** Enthält nichts nicht anderweitig gesagtes.

§ 804 bis 820: **Das Auge und ein Fernrohr.**

810) Den Factor $\cos^2 \varphi$ darf man, wie früher, unbedenklich weglassen.

812) Auch bei endlicher Entfernung gilt der Satz genügend genau. Alle diese Sätze kamen darauf hinaus, dass die Beleuchtung der Netzhaut proportional ist dem Stück, welches der Strahlenkegel auf der Pupillenöffnung ausschneidet. Ist also die Pupille ganz eingetaucht in den Strahlenkegel, so ist das dioptrische System vor dem Auge gleichgiltig. Dies folgt direct, wenn man auf das letzte physische oder virtuelle Bild der Strahlen vor dem Eintritt in das Auge den zweiten Hauptsatz Note 499) ausspricht und dann auf dieses als Object gedachte Bild den letzten Satz Note 791) anwendet.

Wir stellen für ein System: astronomisches Fernrohr, Auge die Resultate zusammen. Es heisse der Flächeninhalt der Oeffnung des Objectivs o, der Blende des Oculars b, der Pupille p, die quadratische Vergrösserung v, die Beleuchtung der Netzhaut H, und es sei m der Factor, welcher durch Reflexionen und Schwächungen durch die Fernrohrgläser hinzukommt: Befindet sich das Auge dicht an der Ocularblende, so ist

für $\begin{cases} \dfrac{o}{v} > b \text{ und } b > p \text{ ist } H = m \text{ d.h. constant} & u. < 1 (1 = \text{blosses Auge}) (1) \\ \dfrac{o}{v} > b \text{ » } b < p \text{ » } H = m\dfrac{b}{p} \text{ » veränderl. » } < m & \text{ » } \quad (2) \end{cases}$

für $\begin{cases} b > \dfrac{o}{v} \text{ » } \dfrac{o}{v} > p \text{ » } H = m \text{ » constant » } < 1 & \text{ , } \quad (3) \\ b > \dfrac{o}{v} \text{ » } \dfrac{o}{v} < p \text{ » } H = m\dfrac{o}{vp} \text{ » veränderl. » } < m & \text{ » } \quad (4) \end{cases}$

Die Constante H des Apparats nennt man gewöhnlich *Helligkeit*. Ferner ist das leuchtende Element auf der Axe gedacht. Im anderen Falle treten leicht ersichtliche Modificationen ein, welche eine Abschattirung des Bildes eines ausgedehnten

Objects gegen den Rand hin bewirken können. Uebrigens wird man die aus anderem Grund ungünstigen Fälle 1. und 2. vermeiden.

Die Grösse H ist eine *Beleuchtung*, d. h. proportional der Lichtmenge, welche unter verschiedenen Umständen auf *ein und dasselbe Netzhautelement* fällt, also unabhängig von der Grösse des Bildelementes auf der Netzhaut. Man betrachtet demnach die Beleuchtung der Netzhaut als das photometrische Characteristicum. — Eine *scheinbare* Ausnahme macht man, wenn das geometrische Bild des Objects verschwindend klein ist gegenüber dem constanten Flächenstückchen ν der Netzhaut, auf welches sich die auffallende Lichtmenge, sei es aus physiologischen (kleinstes empfindendes Flächenstück) sei es aus optischen (Beugung, Zerstreuung, Dispersion) Gründen ausbreitet. Dann ist die Beleuchtung des Flächenstückes ν proportional der *Lichtmenge*, welche in das geometrische Bild einfällt. Es muss also hier das photometrische Characteristicum *berechnet* werden wie eine *Lichtmenge L*, welche auf das *geometrische* Bild gelangt, obgleich dasselbe *sachlich* eine *Beleuchtung* ist, welche im *physiologisch* wirksamen Elemente stattfindet. Dieser ausgedehnte Fall (Fixsterne), welchen *Lambert* überhaupt nicht erörtert, führt zu folgenden Resultaten (blosses Auge $= 1$):

$$\text{für} \begin{cases} b > \dfrac{o}{v} \text{ und } \dfrac{o}{v} > p \text{ ist } L = m\tau < m\dfrac{o}{p} & (3a) \\[1em] b > \dfrac{o}{v} \text{ und } \dfrac{o}{v} < p \text{ ist } L = m\dfrac{o}{p}. & (4a) \end{cases}$$

Für Fixsterne ist der vierte Fall der günstigste, da nach (4a) das L des Fixsterns sein Maximum hat und das H des Himmelsgrundes nach (4) unter seinem Maximum bleibt; beim dritten Fall (Kometensucher) hat nach (3) das H der ausgedehnten Fläche sein Maximum, während das L der Fixsterne nach (3a) unter seinem Maximum bleibt, weshalb man dieselben bei Tage durch Kometensucher nicht sieht.

Kapitel 2. Physiologische Photometrie des Auges.

§ 821 bis Anfang 828: Weggelassen. Es wird gesagt, die Pupillenöffnung sei abhängig 1) von der scheinbaren Grösse, 2) von der scheinbaren Helligkeit der Lichtquelle. Dieser Gegenstand wird genauer untersucht § 847 bis § 864. — Ferner wird erwähnt 3) die Pupille sei enger, wenn die Lichtquelle sich auf der Axe des Auges befinde, als ausserhalb derselben (§ 826),

4) die Pupille erweitere sich bei intensivem Sehen (§ 827). Dieser Gegenstand wird nicht weiter erörtert.

Zu 4) ist zu bemerken, dass man zwar jetzt weiss, dass die Pupille sich *verengert* bei Accommodation für die *Nähe*, und sich *erweitert* bei Accommodation für die *Ferne*, dass aber Messungen noch nicht angestellt sind. Man schrieb der Pupillengrösse mehrfach den wesentlichen Einfluss auf die Accommodation zu, als der Mechanismus der letzteren noch nicht bekannt war.

§ 829 bis 831: Localisirung der Ursache der Pupillenveränderung.

830) Versuch 26 steht in § 747.

831) *Der ciliaren Processe*, Original: *processuum ciliarium*. Die Pupille ist umschlossen von 2 Muskelringen, nämlich dem *musculus contractor pupillae*, dessen Fasern in concentrischen Ringen verlaufen, und dem *musc. dilatator pup.*, dessen Fasern netzförmig und radial verlaufen. Es wird nun der Lichteindruck auf der Netzhaut durch den *nervus opticus* nach den Vierhügeln geleitet. Von dort entspringt aber auch der *nervus oculomotorius*, von welchem ein Ast in das dicht am n. opticus anliegende *ganglion ciliare* verläuft und vermöge der von hier aus sich ausbreitenden *Ciliarnerven* die *Zusammenziehung* der Pupille bewirkt. Andererseits gelangt in dasselbe Ganglion ein Ast des aus dem Rückenmark entsprungenen *n. sympathicus*, um diejenigen Ciliarnerven zu liefern, welche die *Erweiterung* der Pupille hervorbringen. Die Verengerung und Erweiterung der Pupille beruht also vermuthlich auf der stärkeren oder schwächeren, aber immer verengenden Einwirkung des n. oculomotorius, welcher den Einfluss des n. sympathicus mehr oder weniger zu überwinden hat.

§ 832 bis 834: Der Ursprung der Lichtempfindung. Lambert redet sehr oft im vorliegenden Werk von einer *schwingenden Bewegung der Fibrillen* (motus tremulus fibrillarum) auf der Netzhaut, wodurch die Lichtempfindung hervorgebracht sein soll. Dieser Bewegung legt er zwei Eigenschaften bei, eine *zeitliche*, nämlich dass die Bewegung erst allmählich ihre volle Stärke erreicht und ebenso nach dem Verschwinden der Lichtwirkung etwas fortdauert, und eine *räumliche* Eigenschaft, nämlich dass die Bewegung sich auch den benachbarten Fibrillen mittheilt. Mit Hilfe der ersten Eigenschaft erklärt er *hier* die Nachbilder, mit Hilfe der letzteren *später* die Irradiation und verwandte Erscheinungen.

Es ist hier der Ort, diese Vorstellungsweise *Lambert's*,

deren Bedeutung in verschiedene Zweige der Optik und speciell der Photometrie mehrfach tief eingreift, durch eine kurze historische Skizze verständlich zu machen:

1) Anatomie des Endorgans, welches die Wellenbewegung des Lichtes in eine andere durch die Nerven leitbare Energieform umsetzt. Zu *Lambert's* Zeiten schrieb man diese Function direct den Enden des (zur Netzhaut ausgebreiteten) Sehnerven selbst zu. Es sind also die *fibrillae* Lambert's nichts anderes als die Nervenfasern selbst, da ein von ihnen gesondertes Organ nicht bekannt war. Man vergleiche hierzu folgende Stelle aus einem Werke, welchem zu L.'s Zeit und vielfach später hohe Autorität zukam, nämlich: *Herrn Albrecht von Haller's Anfangsgründe der Phisiologie des menschlichen Körpers. Aus dem Lateinischen übersetzt von Johann Samuel Hallen. Berlin und Leipzig 1772.* Dort ist im fünften Bande S. 967 die Rede von den kleinsten Winkeln, bei denen man noch sehen könne, und dann wird fortgefahren: »Berühmte Männer glauben, dass eben dieses auch die Kleinheit einer Faser in der Netzhaut sei, weil es ihnen bequem däucht, dass ein einziger und ganzer Nervenfaden auch von einem einzigen Bilde eingenommen werde. Sie reden dahero von einem so unsichtbaren Faden, welcher blos durch den Verstand ausgemessen werden kann.«

Die Existenz eines bestimmten Organs lernte man erst viel später kennen. Ueber die Hauptsache gibt folgende Stelle Auskunft in dem *Handbuch der Physiologie des Menschen, von J. Müller, Coblenz 1840, zweiten Bandes erste Abtheilung,* S. 315: »Der feinere Bau der Nervenhaut ist in der neuesten Zeit durch eine Entdeckung von *Treviranus* und durch übereinstimmende Beobachtungen von *Gottsche* erkannt worden. *Treviranus* »Beiträge zur Aufklärung des organischen Lebens. Bremen« *Gottsche* in *Pfaff's* »Mittheilungen aus dem Gebiete der Medicin 1836, Heft 3, 4.« Das wesentliche der Structur der Nervenhaut ist Folgendes. Sie besteht aus 3 Hauptschichten, einer äusseren breiartigen oder pflasterartigen Körnerschicht, einer mittleren Nervenfaserschicht und einer inneren Cylinderschicht.« Die Cylinder werden hier auch stabförmige Körper genannt und sind mit den heute sog. Stäbchen und Zapfen identisch. Vergl. auch ebendas. S. 325: »Daher schliesst *Volkmann*, dass ..... die kleinsten Netzhautbildchen kleiner sind als die kleinsten Elemente der Retina, deren Masse wir kennen.«

Gegenwärtig unterscheidet man eine weit grössere Anzahl von Schichten der Netzhaut, so z. B. mehrere Körnerschichten.

Eine der letzten, nach dem Augapfel zu innersten Schichten ist die *Stäbchenschicht*, in welcher man zweierlei Gebilde unterscheidet: nämlich die cylinderförmigen *Stäbchen (bacilli)*, welche 0.063 bis 0.081 mm lang und 0.0018 mm dick sind, und die mehr kegelförmigen *Zapfen (coni)*, welche weniger lang und 0.0045 bis 0.0065 mm dick sind. (Diese Zahlen aus *Helmholtz*, Phys. Opt. S. 19). Diese Organe sind es, welche man jetzt als Umwandler der Energieform in Anspruch nimmt.

2) **Physiologie** der Fortleitung des Eindrucks im Nerven. Nach *Aristoteles* wird die Empfindung durch die Blutgefässe in das Herz als Centralorgan geleitet als centrifugales, d. h. Bewegungsorgan gelten die Sehnen, »Nerven, νεῦρα« genannt). — *Galen* kannte das Gehirn als Centralorgan. — Aus beiden Vorstellungen verbindet sich die von *Descartes*. Hiernach besteht die motorische Thätigkeit der Nerven darin, dass die Nervenröhren durch einen Klappenmechanismus des Gehirns mit Gasen gefüllt werden, welche fortströmen und den Muskel anschwellen; und die sensible Thätigkeit besteht in den passiven Bewegungen der Nervenröhren selbst. Diese letztere Vorstellung hatte sich zu Lambert's Zeit in zwei verschiedene Ansichten gesondert, welche in dem citirten Werk von *Haller* (derselbe Band S. 1045) besprochen werden. Nach der *einen* werden die festen Nervenfasern in eine schwingende Bewegung versetzt, welche sich bis ins Gehirn fortpflanzt. Nach der *anderen* wird die Fortleitung durch die in den Nervenröhren enthaltenen Flüssigkeiten verrichtet. Beide Bewegungen sind Wellenbewegungen, d. h. der Impuls pflanzt sich fort, während der Träger desselben an seinem Platze bleibt. Der zweiten Ansicht schliesst sich *Haller* an, während die erste diejenige ist, welche sich *Lambert* zu eigen gemacht hat und welche noch *J. Müller* vertritt. — Diese mechanische Theorie ist durch die heutige, durch *du Bois-Reymond* (Untersuchungen über thierische Electricität, Berlin 1848 und 1849) zur Geltung gebrachte verdrängt worden, nach welcher den Nerven gewisse electromotorische Eigenschaften zukommen, welche für die verschiedenen Functionen der Nerven charakteristisch sind (z. B. für die Einleitung der Empfindung die sog. negative Stromesschwankung). Die Geschwindigkeit, mit welcher sich der electromotorische Zustand fortpflanzt, wurde zuerst durch *Helmholtz* bestimmt.

Wir haben also gesehen, dass die *fibrillae* Lambert's die Nervenfasern selbst sind und dass der *motus tremulus* L.'s eine schwingende Bewegung derselben Fasern bedeutet, welche sich wellenförmig fortpflanzt.

Man kennt übrigens seit *Plateau* die *Dauer* der Nachwirkung ($=\frac{1}{4}$ bis $\frac{1}{3}$ Secunde).

§ 835 bis 841: Lehrsätze, welche als selbstverständlich weggelassen worden sind (Lehrsatz § 835 ist falsch ausgedrückt), ausser dem aufgenommenen Satze § 840, 841.

§ 842 bis 846: Weggelassen. Es wird nur gesagt, dass auf die Punkte 3) und 4) Note § 821 bis 828 nicht Rücksicht genommen werden soll.

§ 847 bis 857: Lösung der eigentlichen Aufgabe, die Oeffnung der Pupille als Function der scheinbaren Helligkeit und der scheinbaren Grösse der Lichtquelle darzustellen. Der Gegenstand, welcher eine andere Erörterung, als die vorliegende durch Lambert, nicht gefunden hat, verdient in hohem Grade die Aufmerksamkeit der Physiologen.

Es ist also gesucht (in L.'s Bezeichnung, mit Umgehung des überflüssigen Buchstabens $y = \varkappa x$)

$$x = F(\varkappa, \eta).$$

Hier ist $\varkappa$ die Intensität des Objects, η die scheinbare Grösse desselben oder, was auf dasselbe hinaus kommt, die Grösse des Netzhautbildes. In dieser Form fasst L. aber die Aufgabe nicht an. Er denkt sich vielmehr die Veränderung der Pupille $= -dx$ als eine Function der *eindringenden* Beleuchtung $\varkappa x$, der Bildgrösse η und der Veränderung der Bildgrösse $= d\eta$, sodass also die Gleichung heisst

$$-dx = \varphi(\varkappa x, \eta) d\eta,$$

welche noch eben so allgemein ist wie die vorige Gleichung; die zweite Gleichung wird aber nicht in dieser letzten, sondern in einer *specielleren* Form angeschrieben:

$$-dx = f(\varkappa x) d\eta,$$

welche mit der ersten Gleichung § 848 identisch ist (wenn man statt f setzt: PM). Bei der Integration ist nun, wohl infolge der Bezeichnung PM, übersehen worden, dass in f ausser $\varkappa$ auch x vorkommt, und es ist geschrieben worden (zweite Gleichung § 848):

$$a - x = f(\varkappa x) \eta.$$

Formell ist dieser Fehler ohne Belang, da diese letzte Gleichung in nicht höherem Grade durch ihre specielle Form einen Theil der Lösung vorwegnimmt, als die vorletzte. Materiell jedoch ist ein wesentlicher Unterschied vorhanden, denn die Art, wie L. die vorletzte Form plausibel macht (§ 847: Summe aller partiellen Zusammenziehungen) ist nicht anwendbar auf die letzte Form (man denke sich, wenn man diese Andeutung im Detail verfolgt, $\varkappa x$ constant gehalten).

L.'s Gedankengang ist nun folgender: Es sei die letzte Gleichung in der Form gegeben:

$$\varkappa u - \varkappa x = f(\varkappa x) \cdot \varkappa \eta,$$

dann stellt diese Gleichung nicht weniger eine zweifache Abhängigkeit des x von $\varkappa$ und η dar als die erste Gleichung $x = F'(\varkappa, \eta)$. Die vorliegende Gleichung hat aber die besondere Eigenschaft, dass sie, auf Null gebracht, eine *algebraische* Beziehung zwischen den Variablen ($\varkappa$, $\varkappa\eta$ und $\varkappa x$) und *einer* transcendenten Function f *einer* dieser Variablen darstellt. Ist nun f durch eine Curve dargestellt, so ist die gegebene algebraische Gleichung durch eine Construction nach einer der Variablen (nämlich $\varkappa x$, woraus dann x, welches ja für $\varkappa$ und η zu bestimmen ist) auflösbar. Der Kunstgriff besteht also darin, dass L. die Gelegenheit benutzt, eine Tabelle mit doppeltem Argument zu ersetzen durch eine Curve (was einer einfachen Tafel entspricht) und eine Construction. Diese Auflösung der Gleichung wird in § 850 gegeben.

Dies setzt voraus, dass die Beziehung zwischen x, $\varkappa$, η bekannt sei. Da aber in ihr zunächst noch die Function f, d. h. eben jene Curve, unbekannt ist, so wird durch Versuche der Werth der rechten Seite obiger Gleichung bestimmt (§ 853), wodurch sich eine Tafel der f mit dem Argument $\varkappa x$ ergibt (§ 857, zweite und letzte Columne), die man durch eine Curve darstellen kann (§ 855), womit das Problem, wenn man die Construction § 850 hinzufügt, gelöst ist.

Dies zur Orientirung. Jetzt das Detail:

847) Es ist $\varkappa$ die Intensität des Objects, also = der scheinbaren Helligkeit (claritas visa); unter *subjectiver* Helligkeit (claritas apparens) ist die Grösse $\varkappa x$ zu verstehen, sie ist also nicht eine Intensität, sondern eine Beleuchtung. Doch kommt der im früheren vielfach gebrauchte Ausdruck »subj. Hell.« hier, wo er am Platze ist, nur sehr selten vor.

848) Unter »Intensität« ist hier eine *Beleuchtung* zu verstehen.

853) Die am Schluss citirten §§ 396 bis 398 schreiben vor,

alternirende Punkte zu verbinden, eine Curve aus freier Hand zu ziehen und den gleichmässigen Verlauf durch das Auge zu prüfen.

854) In der Tafel ist alles mit 100 multiplicirt; die Columne η sind quadrirte Minuten.

855) Willkürlich wählbar sind 3 Einheiten. Es wird gewählt 1) für $\varkappa$: unbew. Himmel $= 1$, 2) für x: Iris $= 1$, 3) η wird ausgedrückt im scheinbaren Flächeninhalt des Objects, d. h. es ist $\eta = \pi \sin^2 s$, denn man darf das hier gebrauchte μ durch $1 : \pi$ ersetzen, ohne die Zahlen *Lambert*'s in einer unrichtigen Einheit zu erhalten, wie die Tab. § 857 zeigt.

Die verticale Scala der Figur enthält Bogenminuten und ist nur angegeben, um das Antragen der Cotangente zu erleichtern (vergl. § 850).

§ 858 bis 862: **Weggelassen ist die Discussion der Curve** $f(xx)$, welche nur 3 ohnedies verständliche Sätze enthält, nämlich 1) die Zahlen der verticalen Scala laufen bis ins Unendliche, 2) die Curve geht in positiver Richtung bis ins Unendliche (denn wenn der scheinb. Halbm. unendlich klein, die scheinb. Hell. unendlich gross sind, so liegt Gerade pq, mithin auch M im Unendlichen), 3) die Curve ist parallel zur AQ-Axe asymptotisch.

§ 863 und 864: Interpolationsformel für $f(xx)$; § 864 bespricht den Werth dieser Interpolationsformel, bleibt aber ohne Resultat.

Theil V. Photometrie der Atmosphäre.

Kapitel 1. Die Extinction des Lichts auf dem Weg durch die Atmosphäre.

§ 865 bis 877: **Grundlagen.** Die Extinction definirt sich als eine *Absorption*, d. h. sie vollzieht sich so, als ob das Licht geschwächt würde nach Maassgabe der Summe aller lichtauffangenden Oberflächen dunkeler Körperchen, welche den Voraussetzungen der Wahrscheinlichkeitsrechnung entsprechend, also durch Zufall, in dem vom Licht durchströmten Raume vertheilt sind. Als »lichtauffangende Oberflächen« hat man die Projectionen der wirklichen Oberflächen der Körper auf eine zur Richtung der Lichtstrahlen normale Ebene aufzufassen. Die Voraussetzung der zufälligen Vertheilung schliesst in sich, dass die Körperchen unendlich klein sind gegen die Dimensionen des im absorbirenden Medium durchlaufenen Weges und der vom durchgelassenen Licht beleuchteten Fläche. Die Extinction ist also ein Factor, welcher im Grundgesetz Note 36) den Factor $1 : r^2$ corrigirt.

865) Wie man gesehen hat, ist dies sogar der Hauptinhalt des *Bouguer*'schen *Essai*'s.

866) In den am Anfang citirten Stellen, welche weggelassenen Abschnitten angehören, wird nicht mehr gesagt, als was hier ausgeführt wird.

869) Zum Ausdruck *Ablenkung*. Die Beugungserscheinungen waren schon bekannt seit *Leonardo da Vinci* und namentlich *Grimaldi*'s *Physico-mathesis* vom Jahre 1665.

871) Unter den »beiden vorigen Arten« sind zu verstehen 1) die zerstreute Zurückwerfung, 2) die Beugung.

873) Zum Citat vergl. Note 866).

874) Der Ausdruck: »durch das Raumelement dividirt« ist unrichtig. Man denke sich einen geraden prismatischen Raum, dessen Axe in der Richtung der Lichtstrahlen liegt und dessen Höhe *gleich der Einheit* ist. Dann ist die *Dichtigkeit der Hindernisse* gleich der Summe aller im Prisma enthaltenen lichtauffangenden Oberflächen (im Sinn von Note § 865 bis 877) dividirt durch die Grundfläche des Prismas. Es ist also, was aus L.'s Definition nicht folgt, die Dichtigkeit der Hindernisse in linearer Weise von der gewählten Längeneinheit abhängig.

875) Da der citirte § 467 einem weggelassenen Abschnitt angehört, so wurde bereits in der betreffenden Note die Gleichung $-dv = v\delta \cdot dx$ plausibel gemacht; sie ergibt sich übrigens auch sofort aus der Definition der Absorption Note § 865 bis 877.

876) Selbstverständlich ist der Proportionalitätsfactor $= -1$. Auf diese sich oft, wenn auch in anderer Form, wiederholende Ungenauigkeit sei nur dies eine Mal hingewiesen.

§ 878 bis 852: **Ableitung der Extinctionsformel.** Charakteristisch ist 1) die Krümmung der Luftschichten, 2) der geradlinige Weg des Lichts.

878) Man beachte, dass zuvor die Dichtigkeit des Lichts im Anfangspunkt mit 1, im Endpunkt mit v bezeichnet wurde, dagegen hier umgekehrt. Zur früheren Bezeichnung kehrt L. in § 880 zurück.

880) Hauptsatz: die *Lambert'sche Extinctionsformel*. Infolge des geradlinig angenommenen Lichtweges unterscheidet die Formel nicht zwischen wahrer und scheinbarer Zenithdistanz. Versteht man unter γ einmal die erstere und einmal die letztere, so unterscheiden sich die Resultate allerdings nur um Glieder von solcher Form, wie sie in L.'s Formel ohnedies auftreten (z. B. das

erste Glied liefert $A\alpha\sec\gamma\operatorname{tg}^2\gamma$). Trotz dieses äusserlichen Umstandes hat *Lambert's* Formel deshalb, weil die Rücksicht auf die Krümmung des Lichtstrahls, wobei man dann γ definiren müsste, die Form des Ausdrucks ändern könnte, nur den Charakter einer Interpolationsformel, d. h. einer Formel, deren analytischer Ausdruck hypothetisch angenommen ist und deren Constanten durch beobachtete Werthe dieses Ausdrucks bestimmt werden. Dementsprechend werden auch die Grössen A, B, ... als von einander unabhängig angesehen, was in Wirklichkeit nicht der Fall ist.

Es heisse hier und im Folgenden Θ die scheinbare, z die wahre Zenithdistanz; ferner sei J_0 die scheinbare Helligkeit eines Sterns, wenn $z = 0$, J_z dieselbe, wenn $z = z$, und J dieselbe, wenn der Stern ausserhalb der Atmosphäre beobachtet wird.

Dann wollen wir bezüglich der Bedeutung von Lambert's γ eine Wahl treffen und die *Lambert'sche Extinctionsformel* so notiren:

$$\log J_z = \log J - A \sec \Theta + \tfrac{1}{3} B \sec \Theta \operatorname{tg}^2 \Theta . \quad \text{(a)}$$

Auf die *Krümmung* des Lichtstrahles hat nun *Laplace* Rücksicht genommen, Méc. cél. Bd. 4, Buch 10, Kap. 3, § 12. Sein Resultat ergibt sich sehr einfach, wenn man die Grundgleichung der Extinction $-dv = v\vartheta \cdot dx$ (§ 875) mit den Grundgleichungen der Refraction verbindet und dabei die verticale Temperaturänderung $= 0$ setzt (wie *Laplace* es thut). Es folgt dann die *Laplace'sche Extinctionsformel*, welche seit *Seidel* die gewöhnlich gebräuchliche ist:

$$\log J_z = \log J - \frac{H \cdot \textit{Refraction}}{\sin \Theta} . \quad \text{(b)}$$

Ueber den gegenseitigen Werth beider Formeln bemerke man: da die Refraction die Form hat

$$\textit{Refraction} = \alpha \operatorname{tg} \Theta = \alpha_0 \operatorname{tg} \Theta + \alpha_1 \operatorname{tg}^3 \Theta + \cdots ,$$

wo α mit Θ etwas veränderlich, α_0 und α_1 constant sind, so könnte man die *Laplace'*sche Formel auch so schreiben:

$$\log J_z = \log J - H\alpha_0 \cdot \sec \Theta - H\alpha_1 \cdot \sec \Theta \operatorname{tg}^2 \Theta ,$$

mithin stimmen die *Lambert'*sche und die *Laplace'*sche Formel der Form nach überein. Selbst wenn nun die *Laplace'*sche Extinctionsformel für jedes beliebige Gesetz der verticalen Temperaturänderung, insbesondere auch für das thatsächlich stattfindende unbekannte, Geltung haben würde (allgemeiner als unter *Laplace*'s Voraussetzungen gilt sie jedenfalls), so schliesst immer noch der auf der rechten Seite der *Laplace*'schen Gleichung auftretende Ausdruck »Refraction« die Temperaturhypothese in sich, mithin ist auch die *Laplace*'sche Extinctionsformel in zweiter Instanz eine Interpolationsformel, wie es die *Lambert*'sche in erster Instanz ist.

881) Der Widerspruch bezüglich der Zahl 30 ist wegen der Unsicherheit der Entscheidung nicht verbessert worden. Es ist übrigens $tg^2\, 80° = 32.2$.

§ 883 bis 887: Constantenbestimmung und Extinctionstafel.

885) Der Versuch *Bouguer*'s steht im *Essai*, erste Abtheilung, Artikel 6. Dort wird der Mond in verschiedenen Höhen mit Kerzen verglichen und es findet sich

$$\text{Höhe} = 66°\,11' \quad \text{Helligkeit} = 1$$
$$\phantom{\text{Höhe} = }19\ 16 \qquad\qquad \tfrac{3}{4}$$
$$\phantom{\text{Höhe} = }0\ \ 0 \qquad\qquad \tfrac{1}{1000}.$$

886) *Lambert* hat diese Beschreibung seiner Versuche thatsächlich in § 283 der *Pyrometrie* nachgeholt. Es lag ein Thermometer im Schatten, ein anderes in den Sonnenstrahlen. Die Differenz der Angaben beider Thermometer wurde für mehrere Sonnenhöhen genommen und wird demnach hier als Maass der durch die Atmosphäre gegangenen *Lichtmenge* angesehen. Die gefundene Zahl ist aber sehr fehlerhaft und im Gegentheil der *Bouguer*'sche Werth in Uebereinstimmung mit den neueren Messungen.

Wie Lambert hier aus der Extinctionsformel eine Tafel berechnet hat, so kann man auch eine Extinctionstafel direct empirisch ableiten. Erwähnt seien

1) *Seidel*'s *Extinctionstafel für München*, mitgetheilt in »Unters. über die gegens. Hell. d. Fixst. u. s. w.« (Münchener Acad. Bd. 6). Man vergleiche über diese Tafel auch *Zöllner*, Phot. Unters., Vorwort, *R. Engelmann*, Ueber die Helligkeitsverhältnisse der Jupitertrabanten, Leipzig 1871. *Seidel* selbst hat später eine zweite Extinctionstafel mitgetheilt (»Result. phot. Mess.« Münchener Acad. Bd. 9), ohne sich veranlasst zu sehen, die letztere für besser zu halten als die erstere.

2) *G. Müller*'s *Extinctionstafel für Potsdam*, mitgetheilt in der Schrift: »Photometrische Untersuchungen« (Publicationen des astrophysikalischen Observatoriums zu Potsdam Nr. 12, Potsdam (Leipzig) 1883).

Anmerkungen. 135

Aus beiden Tafeln sei ein kurzer Auszug mitgetheilt:

Argument = wahre Zenithdistanz $= z$	Seidel's $\varphi(z)$	Müller's $\varphi(z)$
0°	0.000	0.000
10	0.000	0.000
20	0.003	0.004
30	0.007	0.011
40	0.017	0.024
50	0.045	0.048
60	0.097	0.092
70	0.191	0.180
75	0.268	0.260
80	0.388	0.391
81	0.428	0.428
82	0.484	0.472
83	0.549	0.526
84	0.616	0.596
85	0.684	0.689
86	0.754	0.816

Hierbei versteht man unter $\varphi(z)$ diejenige Zahl, welche, zum Logarithmus der Helligkeit addirt, den Logarithmus der Helligkeit gibt, welche der Stern im Zenith zeigen würde.

Man bezeichne sowohl in der *Lambert*'schen wie in der *Laplace*'schen Gleichung, (a) und (b) Note 880), die rechte Seite ausser $\log J$ mit $+\log E(\Theta)$, so dass also

$$\text{für } z = z \quad \log J_z = \log J + \log E(\Theta) \atop \text{und speciell für } z = 0 \quad \log J_0 = \log J + \log E(0) \Bigg\} \text{ (c)}$$

so folgt

$$\log J_0 - \log J_z = \log E(0) - \log E(\Theta)$$

und es hat mithin die von den Tafeln gegebene Grösse die Bedeutung

$$\varphi(z) = \log E(0) - \log E(\Theta).$$

Den Numerus $E(0)$ wollen wir als *Extinctionsconstante* bezeichnen. Sie gibt an, welcher Bruchtheil des ungeschwächten Sternlichtes die Atmosphäre vertical durchdringt, und es ist

für die *Lambert*'sche Formel $E(0) = \text{Num} \log(-A)$
für die *Laplace*'sche Formel $E(0) = \text{Num} \log(-Ha_0)$.

Zur Bestimmung von $E(0)$ sind, da auch J zu eliminiren ist, mindestens zwei Beobachtungen erforderlich. Sowohl *Seidel* (erste Abhandlung) wie *Müller* haben die Constante auf Grund der *Laplace*'schen Formel durch Ausgleichung mit Hilfe ihrer empirischen Tafeln bestimmt. Im Ganzen hat man

$$\begin{aligned}
\textit{Bouguer}: &\ E(0) = 0.815 \\
\textit{Lambert}: &\ 0.59 \\
\textit{Seidel}: &\ 0.794 \\
\textit{Müller}: &\ 0.825.
\end{aligned}$$

Um die *Lambert*'sche Tafel am Ende des Paragraphen mit den anderen Zahlen und diese unter sich zu vergleichen, sei folgende Tabelle notirt:

	Lambert, Formel:	*Seidel*, empirisch:	*Müller*, empirisch:	*Laplace*, Formel:
Ausserhalb der Atmosphäre	$\frac{1}{E(0)} = 1.69$			$\frac{1}{E(0)} = 1.19$
Wahre Zenithdistanz $z = 0°$	$\frac{J_z}{J_0} = 1.00$	$\frac{J_z}{J_0} = 1.00$	$\frac{J_z}{J_0} = 1.00$	$\frac{J_z}{J_0} = 1.00$
10	0.99	1.00	1.00	1.00
20	0.97	0.99	0.99	0.99
30	0.92	0.98	0.97	0.97
40	0.85	0.96	0.95	0.95
50	0.75	0.90	0.90	0.91
60	0.59	0.80	0.81	0.84
70	0.36	0.64	0.66	0.71
75	0.22	0.54	0.55	0.61
80	0.083	0.41	0.41	0.45
81	0.060	0.37	0.37	0.41
82	0.040	0.33	0.34	0.36
83	0.024	0.28	0.30	0.31
84	0.012	0.24	0.25	0.26
85	0.0048	0.21	0.20	0.20
86	0.0013	0.18	0.15	0.15

Die erste Reihe wurde mit Hilfe der Formel (a), aber ohne zweites Glied, und mit der *Lambert*'schen Extinctionsconstante berechnet; Argument war also die dem z der Tafel zugehörige scheinbare Zenithdistanz (·). Diese Reihe soll nur den grossen Einfluss der Extinctionsconstante auf den Verlauf der Tafel darthun.

Die zweite und dritte Reihe enthalten die Numeri der Zahlen der vorletzten Uebersicht und sollen die merkwürdige Uebereinstimmung zwischen der Münchener und der Potsdamer Tafel, welche in sehr verschiedenen Terrainverhältnissen abgeleitet wurden, darthun.

Langley hat im *American Journal of Science* (Vol. 28) auf die Consequenzen hingewiesen, welche dadurch entstehen, dass die Extinctionsformeln eigentlich nur für homogenes Licht gelten. Zur leichteren Uebersicht denke man sich, der Lichtstrahl sei, statt durch die Atmosphäre, durch ein Medium constanter Dichte gegangen; dann wird einer jeden Strahlrichtung z in der Atmosphäre eine Länge s_z im Medium constanter Dichte entsprechen, welche dieselbe Lichtschwächung hervorruft, wie die Atmosphäre bei der wahren Zenithdistanz z des Strahles. Dann lautet die Extinctionsformel

$$\log J_z = \log J - k s_z$$

oder

$$J_z = J e^{-k s_z}.$$

Bildet man nun für eine und dieselbe Zenithdistanz z die verschiedenen s_z, welche den verschiedenen Farben entsprechen, und addirt sämmtliche J_z, nachdem jedes mit seinem Beitragswerth zur resultirenden Farbe multiplicirt ist, so hat diese Formel, falls die k von einander verschieden sind, einen wesentlich anderen Charakter als die einfache Formel $J_z = J e^{-k s_z}$. Der zusammengesetzten Formel entsprechen die empirischen Extinctionstafeln, der einfachen Formel die theoretisch berechneten Extinctionstafeln. Man denke sich nun die Tafeln in ihrer ganzen Ausdehnung auf denselben Stern bezogen; stimmen dann die empirische und die theoretische Tafel an zwei verschiedenen Stellen überein, so lässt sich dies so auffassen, als habe man die 2 Constanten J und k der theoretischen Tafel aus eben diesen 2 Stellen der empirischen Tafel durch 2 Gleichungen bestimmt. Dies ist aber in der vorletzten und letzten Reihe obiger Uebersicht der Fall bei $z = 0°$ und $z = 85°$. Dem entsprechend wird auch die zusammengesetzte Formel an diesen zwei Stellen mit der einfachen Formel übereinstimmen und es lässt sich nun zeigen, dass an anderen Stellen die Abweichungen zwischen der zusammengesetzten und der einfachen Formel in demjenigen Sinn liegen müssen, in welchem sie nach der Vergleichung derselben zwei Reihen obiger Tafel auch thatsächlich liegen; woraus sich ergibt, dass die Extinctionsformeln einer systematischen

Verbesserung bedürfen. Daraus folgt auch insbesondere, was man sich übrigens, wenn man den erwähnten Satz vom Sinn der Abweichung einmal kennt, auch ohne Rechnung plausibel machen kann (2 Curven, die sich in 2 Punkten durchschneiden, haben ausserhalb der Schnittpunkte ihre Lage vertauscht, also jenseits $z = 0$, d.h. ausserhalb der Atmosphäre, entgegengesetzte Lage), dass $E(0)$ grösser als die entsprechende Zahl $E'(0)$ der zusammengesetzten Formel ist, also grösser als diejenige Zahl, welche den vertical durchgelassenen Bruchtheil des ursprünglichen Lichtes darstellt. Man vergleiche über das Detail: *Seeliger*: »Ueber die Extinction des Lichts in der Atmosphäre« (Sitzungsberichte der mathem.-physikal. Classe der k. bayer. Acad. d. Wiss. 1891, Bd. 21, Heft 3). Dort werden *Langley*'s Untersuchungen vervollständigt und zugleich gezeigt, dass $E'(0)$ nicht in dem Maasse kleiner als $E(0)$ ist, wie *Langley* meinte (*Langley*: $E'(0) = 0.6$, während $E(0) = 0.8$). Aus dieser Schrift ist auch die letzte Reihe der vorigen Uebersicht entnommen worden, nachdem die Werthe durch einige Reductionen mit den anderen Reihen der Uebersicht vergleichbar gemacht waren.

887) Die Schrift *les propriétés remarquables de la route de la lumière par les airs* enthält im ersten Abschnitt die allgemeinen Eigenschaften der Bahn des Lichts durch concentrische Kugelflächen, im zweiten Abschnitt die astronomische und im dritten die terrestrische Strahlenbrechung. Sie beruht auf vereinfachten Principien, enthält aber viele, zwar den heutigen Anforderungen an Strenge natürlicherweise nicht genügende, jedoch für bessere Ueberschlagsrechnungen mehr als brauchbare einfache Lösungen von Aufgaben, und ebenso mehrere interessante Lehrsätze, welche mit Unrecht meist vergessen sind.

§ 888 bis 899: Geometrische Deutungen.

893) Die logarithmische Spirale hat in Polarcoordinaten dieselbe Gleichung wie die logarithmische Linie in rechtwinkligen, nämlich

$$r = a e^{-\frac{\vartheta}{c}} \text{ bezw. } y = a e^{-\frac{x}{c}}.$$

In der ersteren ist der Winkel zwischen der positiven Tangentenrichtung und dem Radius vector constant $= \omega'$, und zwar tg $\omega' = c$ ($\omega' = 180° - \omega$ *Lambert*'s); in der letzteren ist die Subtangente, positiv gemessen vom Fusspunkt des Berührungspunktes an, constant und zwar gleichfalls $= c$.

895) Zum Ausdruck *Neigungswinkel* vergl. Note 53). —

Die erste Gleichung ist der bekannte Satz aus der Refractionstheorie $\mu r \sin i = $ Const. (μ Brechungsexp., r Radius, i Incidenzw., alle 3 an derselben Stelle).

896) Nach diesen fingirten Fällen beginnt hier der Fall der Natur.

898) Die Zahl 2000 hat L. aus *Bouguer's Essai*, vergl. Note 885); L.'s eigene Formel wird für diesen Fall ungiltig.

899) Eine deutsche Meile zu L.'s Zeit war ebensogross wie heute.

Kapitel 2. Photometrie eines beleuchteten Systems kleiner Körper.

Die Aufgabe, deren Lösung L. hier versucht, gehört zu den interessantesten aber schwierigsten der Photometrie. Man kann dieselbe so aussprechen: Gegeben ist ein System unendlich vieler durch Zufall vertheilter kleiner Körper, ferner eine Lichtquelle, welche dasselbe bescheint; gesucht ist die Lichtart und Lichtmenge, welche in einer gewissen beliebig gewählten Richtung austritt. Wegen der ominenten Schwierigkeit kommt den sehr verdienstvollen Behandlungen, welche das Problem nach mehreren Seiten hin erfahren hat, nur der Charakter erster Näherungen zu. In einer gewissen Form kommt die Aufgabe überein mit der entsprechenden in Note § 696 bis 702.

Der Gegenstand ist, so weit er die *atmosphärische Photometrie* betrifft, vielfach behandelt worden. Doch sind hervorzuheben:

1) *Clausius* (mehrere Abhandlungen: in Poggendorff's Annalen, Bde. 76, 84, 88). Das Ziel von *Clausius* geht dahin, die viel umstrittene Frage zu entscheiden, ob das in der Atmosphäre suspendirte Wasser die Gestalt von Bläschen, oder die Gestalt von Tropfen besitze. Der Methode nach beruht die Untersuchung auf der Theorie der spiegelnden Kugelflächen, welche jedoch nicht in der einfachen *Lambert*'schen Form, sondern mit Rücksicht auf die *Fresnel*'schen Reflexionsformeln erledigt wird (vergl. Note 653), Schluss).

2) *Lommel* ("Beiträge zur Theorie der Beugung des Lichtes", Grunert's Archiv Bd. 36, "Theorie der Abendröthe und verwandter Erscheinungen", Pogg. Annalen Bd. 131). Der Gegenstand ist vom Standpunkte der Beugungstheorie behandelt und es wird hierdurch gezeigt, dass, wenn weisses Licht einfällt, im *durchgelassenen* Licht die Strahlen mit grosser Wellenlänge die anderen überwiegen: hieraus die Abendröthe.

140 Anmerkungen.

3) *Strutt* («On the Light from the Sky, its Polarization and Colour«, Philosophical Magazine, Vol. 41, fourth series). Die Untersuchung beruht auf der mechanischen Theorie der Wellenbewegung und führt zu dem Resultat, dass, wenn die Körperchen äusserst klein sind (vom Rang einer Wellenlänge), die *zurückgeworfene* Lichtmenge der vierten Potenz der Wellenlänge des einfallenden Lichts umgekehrt proportional ist. Hierauf beruht die Erklärung der blauen Farbe des Himmels.

Was zweitens die *Astrophotometrie* betrifft, so hat *Seeliger* auf eine gewisse Eigenschaft der Körpersysteme seine Theorie des *Saturnringes* gegründet in der Abhandlung »zur Theorie der Beleuchtung der grossen Planeten, insbesondere des Saturn«. Diese Theorie beruht darauf, dass die Körperchen nicht mehr als unendlich klein angesehen werden gegenüber den Dimensionen des ganzen Körpersystems. Betrachtet man nämlich einen bestimmten unter den als Kugeln angesehenen Körpern, so wird das auf diese Kugel auffallende Licht geschwächt nach Maassgabe der Wahrscheinlichkeit, mit welcher andere Körper in den cylindrischen Raum eintreten, dessen Mantel die Kugel in einem grössten Kreis berührt, und dasselbe gilt für das nach beliebiger Richtung, z. B. zur Erde hin, ausgesandte Licht, für welches ein zweiter cylindrischer Raum auftritt. Es finden also *im Allgemeinen* Absorptionen statt entsprechend der Definition Note § 865 bis 877, und es würden, wenn etwa die Kugeln das Licht nach allen Seiten gleichmässig zurückwerfen würden, für den Ring als Ganzes die Bedingungen für die Näherungsformel (2b), Note § 696 bis 702, gegeben sein, die man wegen des engen Spielraums (Sonne und Erde erscheinen vom Saturn aus in nahezu derselben Richtung) rücksichtlich der nach allen Seiten gleichmässigen Lichtausstrahlung der Körperchen als zulässig betrachten darf. *Im Besonderen* sind aber die Bedingungen der Absorption modificirt, wenn beide cylindrische Räume ein gemeinsames Stück haben, welches endlich ist gegenüber den im Körpersystem enthaltenen Theilen der Cylinderräume. Da für die Absorption das gemeinsame Stück nur einmal in Frage kommt, mithin der ganze absorbirende Raum bei Entfernung von der Opposition rasch wächst, so muss die ausgesandte Lichtmenge nach der Opposition rasch abnehmen, was mit den Beobachtungen von *G. Müller* (vergl. Astron. Nachrichten No. 2631) im Einklang steht.

Der Gegenstand unserer Aufgabe kommt vermuthlich auch beim *Zodiakallicht* in Frage. Man hat hier zahlreiche

Beobachtungen von *Searle*, doch haben dieselben eine vollständige theoretische Bearbeitung noch nicht erhalten.

Die nachfolgenden Untersuchungen *Lambert's* kommen über eine Ueberschlagsrechnung für den einfachsten Fall nicht hinaus, mussten aber aufgenommen werden, da sie einen integrirenden Theil seines photometrischen Lehrgebäudes bilden. Einen bestimmten reellen Werth hat ihnen L. selbst dem Vorwort zufolge nicht beigelegt.

§ 900 bis 909: Rohe Ueberschlagsrechnung: Das durch Extinction verlorene Licht wird zur Hälfte nach oben, zur Hälfte nach unten geworfen.

900) Als »früherer« Fall (Schluss des Paragraphen) ist die Extinction zu verstehen.

§ 910 bis 912: Andeutungen über die hypothetischen Grundlagen der vorigen Rechnung und deren Verallgemeinerung auf Grund 1) der Veränderlichkeit der Extinctionsconstante, 2) der ungleichen Spaltung nach oben und unten, 3) der Krümmung der Schichten. Die Nummer 2) ist die Hauptsache; sie umfasst a) das Gesetz, nach welchem hier die Lichtmenge, welche die Theilchen aussenden, vom Winkel zwischen einfallendem und austretendem Licht abhängt, b) die gegenseitige Bestrahlung der Theilchen.

§ 913 bis 915: Festsetzungen.

913) l war zunächst die Lichtmenge, welche durch alle der Atmosphäre angehörenden Raumelemente *eines* prismatischen Raumes, der ein Element der Sonne und ein horizontal liegendes Element $= 1$ auf der Erde als Grundflächen hat, auf *alle* Theile der ebenen Erdoberfläche ausgebreitet wird. Es lässt sich nun leicht zeigen, dass diese Lichtmenge gleich ist derjenigen, welche *alle* diese prismatischen Räume auf ein *einziges* Element $= 1$ schicken; es ist also l die Beleuchtung eines horizontalen Elementes durch die Himmelshalbkugel; L war die normale Beleuchtung durch die Sonne. Die ziemlich willkürliche Festsetzung $l : L = 1 : 6$ wird später vielfach citirt. Es wird nun der Himmelshalbkugel eine fingirte gleichmässige Intensität beigelegt, welche dieselbe Beleuchtung des horizontalen Elementes erzeugen würde, wie die räumlich variablen Intensitäten des Himmelsgewölbes, und diese *fingirte Intensität* wird von *Lambert* als *mittlere Helligkeit der Himmelshalbkugel* bezeichnet.

914) Es werden die Beleuchtungen verglichen, welche einerseits durch ein Stück der fingirten Himmelshalbkugel (Intensität $= 1$) von der Grösse der Sonne, andererseits von der

Sonne selbst hervorgebracht werden; hieraus wird auf das Verhältniss der Intensitäten geschlossen.

915) L.'s Umständlichkeit in so einfachen Dingen ist eine Folge der Confusion seiner Begriffsbestimmungen. Die fingirte Intensität des Himmelsgewölbes ist $= 1$, dasselbe würde also dem Bleiweisselement die Beleuchtung π schicken, mithin schickt nach Festsetzung § 913 die Sonne diesem Element die Beleuchtung $= 6\pi$, und nach Formel (4a) Note § 766 bis 770 wird dieses Element selbstleuchtend mit einer Intensität $=$ Beleuchtung mal Albedo durch $\pi = 6 \cdot 0.423 = 2.538$. L.'s Ausrechnung des Werthes i war also überflüssig.

§ 916 bis 948: **Anfang einer allgemeineren Untersuchung.** Charakteristisch ist die nach allen Seiten gleiche Lichtausstrahlung der Theilchen und die Vernachlässigung der gegenseitigen Bestrahlung der Theilchen (Note § 910 bis 912 a) und b)).

925) Bezüglich der *logarithmischen Curve* vergl. Note 893'. — Der dem älteren griechischen Alphabet angehörige, noch in den Zahlen vorkommende ($= 90$) Buchstabe ϟ (Koppa) wurde von den Mathematikern vielfach als Parallelbuchstabe zu q gebraucht.

927) Hier ist der Hauptsatz enthalten.

931) Der Druckfehler in L.'s überflüssigem Citat wurde nicht berichtigt.

937) Man kann den Gegenstand der von hier ab folgenden langen Auseinandersetzung auch so formuliren: Gegeben ist das Gesetz, nach welchem ein *Parallel*strahlenbündel auf irgend eine von der Länge des zurückgelegten Weges abhängige Weise geschwächt wird; es fragt sich nun, ob bei einem *divergirenden* (oder, wie hier, convergirenden) Strahlenbüschel die am Endelement anlangende Lichtmenge proportional ist dem Factor, welcher durch die Schwächung der Parallelstrahlen entsteht, multiplicirt mit dem umgekehrten (oder, wie hier, directen) Quadrat der Entfernung. Diese Frage bejaht sich ohne Rechnung folgendermaassen: Man denke sich die Strahlen als gerade Linien, welche in einem unendlich dünnen pyramidischen Raum von der Spitze aus divergiren (convergiren); dann gilt für die Intensität jedes Einzelstrahles (den man sich wieder als Parallelstrahlenbündel von einer Dicke $=$ zweiter Ordnung zu denken hat) dasselbe, wie für alle Parallelstrahlen; es bleibt also nur die Dichtigkeit der als Linien gedachten Strahlen in verschiedenen Entfernungen vom Divergenzpunkt (Convergenzpunkt) zu

berücksichtigen; die letztere regelt sich aber nach dem Quadrat der Entfernung. Man darf also die Strahlen so betrachten, als ob sie sich ohne Absorption ausbreiteten (vereinigten) und braucht dann am Resultat nur den Absorptionsfactor der Parallelstrahlen zuzufügen. Dieser Satz in Verbindung mit L.'s Bemerkung § 938 ersetzt die ganze Rechnung L.'s.

945) Die Constante γ ist hier so gewählt, dass ein verticaler Lichtstrahl $= 1$ so geschwächt wird, dass der Logarithmus seiner Helligkeit genau $= 0.8$ wird, wodurch ihm dann die Intensität $0{,}63095$ zukommt. L.'s früherer Werth war 0.59 (§ 886). — Die Columne AP enthält die Secante des nebenstehenden Winkels.

§ 949 bis 973: Weggelassen ist der Versuch, die allgemeinere Untersuchung fortzusetzen durch Berücksichtigung der gegenseitigen Bestrahlung der Theilchen und die Beleuchtung der Luft durch das zurückgeworfene Licht der Erdoberfläche. Es wird nur der Differentialausdruck aufgestellt für die Lichtmenge, welche ein Theilchen von allen anderen erhält, wobei natürlich auf der rechten Seite in der Lichtmenge, welche diese anderen Theilchen ausstrahlen, wieder die unbekannte Function enthalten ist; hierzu wird das direct von der Sonne kommende und das von der Erde dem Theilchen zugesandte Licht hinzugefügt, und da letzteres abermals die gesuchte Unbekannte in sich enthält, so begnügt sich Lambert hier mit der ersten Näherung. Er bricht die Untersuchung mit den Worten ab: »Die Rechnung wird so schwierig, dass ich keinen Weg sehe, wie sie zu Ende geführt werden könnte.«

§ 974 bis 986: **Rückkehr zur rohen Annäherung § 900 bis 909, aber unter Rücksicht auf das von der Erdoberfläche zurückgeworfene Licht.**

977) Man kann diese Gleichung, wie immer in solchen Fällen, ohne Reihenentwickelung aufstellen, wenn man bedenkt, dass die schliesslich zur Erde gelangende Lichtmenge A sich zusammensetzt aus dem durchgelassenen Licht n, der Hälfte des hierbei zerstreuten Lichts $\frac{1}{2}(1-n)$ und dem wieder zurückkehrenden Theil (Factor $= \frac{1}{2}(1-m)$) des von der Erde ausgestrahlten Theils (Factor $= A$) der unbekannten auf die Erde auftreffenden Lichtmenge A. In der That ist die entstehende Gleichung

$$A = n + \tfrac{1}{2}(1-n) + \tfrac{1}{2}(1-m)\, AA,$$

nach A aufgelöst mit der *Lambert*'schen identisch.

983) Es gelten auch hier die Note 913) angedeuteten Erwägungen.

984) Die *Albedo des Schnees* fand *Zöllner* (Phot. Unt. S. 273) $= 0.783$.

Kapitel 3. Die Dämmerung.

§ 987: Historisches. Lambert erwähnt hier nicht diejenige Arbeit, welche bis zu seiner hier vorliegenden die bedeutendste war, nämlich *Alhazen* (de crepusculis, Basil. 1572). *Nach Lambert* sind zu erwähnen *Grunert* (Beiträge zur meteorol. Optik, Leipzig 1848, I. Theil), dessen Behandlung sich im Princip nicht von der L.'schen unterscheidet, *Kämptz* (Meteorologie, Bd. 3), wo sich viele Litteraturnachweise und Zahlenangaben finden, und vor allen *v. Bezold* (Beobachtungen über die Dämmerung, Pogg. Annalen Bd. 123, 1864), wo sich eine exacte Beschreibung der Erscheinung und eine Kritik der Lambert'schen Behandlung findet.

§ 988 bis 997: Die kürzeste Dämmerung. Man pflegt diese Aufgabe jetzt in den Lehrbüchern der sphärischen Astronomie analytisch zu behandeln.

990) Auf der Eigenschaft $PSZ = PRZ$ beruhen die folgenden Entwickelungen.

991) Erster Hauptsatz, welcher die *Declination der Sonne* für den Tag der kürzesten Dämmerung angibt.

996) Zweite Hauptsatz, welcher die *Dauer* der kürzesten Dämmerung angibt. — Statt »Azimuth der Sonne« (von Westen gezählt) sagt L.: dimidius arcus azimuthalis.

997) Die Thierkreiszeichen bedeuten bei L. stets die Rectascension des *Anfangspunktes* des betreffenden Zeichens plus ...

§ 998 bis 1002: Bestimmung der Höhe der Atmosphäre aus der Tiefe der Sonne beim Untergang der *ersten* und der *zweiten* Dämmerung mit Rücksicht auf die *Refraction*.

1000) Der Satz $CK : CE =$ Brechungsexponent an der Oberfläche der Erde, ist vollkommen streng und gilt für jede beliebige, nicht blos für Horizontalrefractionen, wenn man unter CE das Perpendikel von C auf die Tangente des Lichtstrahls im Punkte, wo er die Erde trifft, versteht. Er folgt aus der Gleichung $\mu r \sin i = \mu_0 r_0 \sin i_0$ (Index 0 an der Erdoberfläche), wenn man $\mu = 1$ setzt und $r \sin i$ sowie $r_0 \sin i_0$ geometrisch deutet, und wurde von *Lambert* in der Schrift *propriétés remarquables de la route de la lumière* § 70 bewiesen.

Der Brechungsexponent der Luft für $0°$ und 760 mm ist nach *Dulong* $= 1.000294$.

Anmerkungen.

1001) Die Horizontalrefraction setzt L. hier $= 0°32'$, § 1008 dagegen $= 0°33'$. Charakteristisch für die Abfassungsart ist, dass keine der beiden Zahlen ein Druckfehler ist.

§ 1003 bis 1009: **Beobachtungsreihe.** *Bezold* charakterisirt (a. a. O. S. 275) sehr kurz den Verlauf der Erscheinung folgendermaassen:

»Schon vor Sonnenuntergang constituirt sich am östlichen Himmel die *Gegendämmerung.*

Im Momente des Sonnenunterganges beginnt die *erste Dämmerung*, das *dunkle Segment* erhebt sich (im Osten) vom Horizont, beschränkt die Gegendämmerung mehr und mehr, und entzieht sich den Blicken des Boobachters in einer Höhe, welche je nach dem Tage zwischen $6°$ und $12°$ schwankt.

Am westlichen Himmel erscheint in einer Höhe, welche zwischen $8°$ und $12°$ schwankend gefunden wurde, der *Dämmerungsschein*, der das unter ihm liegende *gelbe helle Segment* von den höheren bläulichen Theilen des Himmels trennt.

Während das helle Segment in ganz bestimmter Weise sinkt, entwickelt sich über demselben das *erste Purpurlicht:* bei einer Tiefe der Sonne von etwa $5°20'$ im Mittel erreicht dasselbe sein Helligkeitsmaximum, wobei nach Westen gekehrte Gegenstände lebhaft beleuchtet werden.

Das Purpurlicht sinkt rasch und schwindet endlich zu einer schmalen Zone zusammen, welche das helle Segment ziemlich scharf begrenzt. Wenn die Sonne sich etwa $6°$ unter dem Horizonte befindet, entzieht es sich dem Blicke vollkommen, die Tageshelligkeit nimmt auffallend ab. Dies bezeichnet das Ende der *bürgerlichen Dämmerung* und zugleich den Anfang der *zweiten;* denn ungefähr um diese Zeit erhebt sich ein *zweites dunkles Segment* vom östlichen Horizont, über dem ersten hellen Segmente bildet sich ein *zweiter Dämmerungsschein*, und während ersteres seinem Untergange zueilt, erscheint über dem *zweiten hellen Segmente* ein *zweites Purpurlicht*, sodass eine förmliche Wiederholung der zuerst beobachteten Erscheinungen eintritt, jedoch wahrscheinlich mit einem etwas langsameren Verlaufe.

So wie der Untergang des ersten hellen Segmentes den Schluss der ersten Dämmerung bezeichnet, so bildet der des zweiten den der zweiten Dämmerung, vermutblich zugleich das Ende der astronomischen.«

Uebrigens glaubte *Bezold*, das erste dunkle Segment, sobald es das Zenith um $30°$ überschritten hatte, wieder erkennen und verfolgen zu können, bis es den zweiten westlichen Dämmerungsbogen, der die obere Grenze des zweiten Dämmerungsscheins bildet, erreicht hat, sodass es nicht mehr erkennbar ist. Von jetzt ab ist es, wie *Bezold* gezeigt hat, die Höhe dieses zweiten Dämmerungsbogens, welche L. gemessen hat, während L. selbst der Ansicht ist, die Höhe des Punktes F (Fig. 91) gemessen zu haben. Diese Höhe von F fällt wohl ziemlich mit der Höhe des ersten dunkelen Segmentes zusammen, so lange letzteres am unteren Osthimmel sichtbar ist, und dieses hat, auch wenn es den Westhimmel erreicht, wo L.'s Messungen gemacht worden sind, mit dem zweiten westlichen Dämmerungsbogen nichts zu thun.

Interessant ist noch *Bezold*'s aus den Beobachtungen abgeleitete Relation: Höhe des ersten westlichen Dämmerungsbogens + Tiefe der Sonne = Constante.

1007) Wegen der Zahl 2000 vergl. Note 885). Wegen der Helligkeit des Vollmondes vergl. § 1078.

1008) *Brander* in Augsburg war ein erfindungsreicher Mechaniker, mit welchem L. viel verkehrte. L. gab z. B. eine Schrift heraus »Anmerkungen über die Branderschen Mikrometer von Glase«. Augsburg 1769.

§ 1010 bis 1016: **Bestimmung der Höhe der Atmosphäre und weitere Discussion der Beobachtungen.** Um die Höhe der Atmosphäre zu bestimmen, wird nur eine einzige Beobachtung verwendet. Nach Bezold haben aber *Brander* und *Grunert* gezeigt, dass jede andere L.'sche Beobachtung einen anderen Werth für diese Höhe geben würde, wie denn auch die Tiefe der Sonne zur Zeit des Unterganges des Punktes B (d. h. bei L.: der primären Dämmerung) sich durch Extrapolation aus der Beobachtungsreihe § 1008 wesentlich anders ergibt, als es in § 1016 auf Grund einer Rechnung angegeben wird, welche auf die einmal bestimmte Höhe der Atmosphäre fundirt ist. Andererseits hat *Bezold* aus Messungen der Höhe des am Osthimmel aufsteigenden dunkelen Segmentes direct gezeigt, dass jede folgende Messung eine grössere Höhe der Atmosphäre liefert als die vorhergehende. Hiermit ist der Grundfehler der alten, insbesondere der L.'schen Dämmerungstheorie *empirisch* festgestellt, nämlich dass *eine bestimmte Höhe* der Atmosphäre als maassgebend für den Verlauf der Erscheinung angesehen wird.

1010) Durch Versehen ist es diesmal unterblieben, die L.'sche Figur richtig zu stellen. Es ist DA der *krummlinige* Weg des Lichtstrahls, DG seine *Tangente in* D, AE seine *Tangente in* A; mithin fällt G *nicht auf den Kreis*.

Anmerkungen.

1011) Die von hier ab gelöste Aufgabe, nämlich die Höhe der Atmosphäre aus einer *beliebigen* Höhe des Scheitels der primären Dämmerung zu berechnen, ist die *Verallgemeinerung* der Aufgabe § 1001, welche sich auf die *bestimmte* Scheitelhöhe $= 0$ bezieht.

1012) Man beachte, wie *Lambert* seinen schönen, Note 1000) erwähnten Satz zu verwenden weiss, die durch Refraction entstehende Parallaxe zu eliminiren, auf deren Bedeutung für die Mondbeobachtungen später zuerst *Hansen* hingewiesen hat (vergl. z. B. »Theorie der Sonnenfinsternisse«, S. 323, Art. 16), die aber bei der Atmosphäre viel beträchtlicher ist.

1013) Die Zahl 17 ist kein Druckfehler bei L., sondern ein Versehen L.'s.

§ 1017 bis 1023: Allgemeine Erwägungen. Maassgebend für den Verlauf der Erscheinung ist die Absorption des Lichts in der Atmosphäre und zweitens die Menge der Theilchen, welche man in einer bestimmten Richtung erblickt. *Bezold* hat auch durch Erörterung dieser zwei Umstände die Unrichtigkeit von L.'s Behandlung, welche lediglich die constante Höhe als maassgebend ansieht, plausibel gemacht. Eine mathematische Behandlung des Problems, die Lichtvertheilung in einer unvollständig beleuchteten Atmosphäre zu untersuchen, ist eine sehr dankenswerthe Aufgabe, die noch nicht gelöst ist. Es ist dabei erforderlich, sich auf eine erste Annäherung zu beschränken, was für die Dämmerungserscheinungen zugleich hinreichend sein dürfte.

§ 1024 bis 1029: Zahlenmässige Folgerungen aus der Theorie.

1024) Die Formel $1 \pm \cos a$ beruht auf der falschen Voraussetzung, dass das Himmelsgewölbe im Dämmerungslicht überall gleich hell erscheine.

Mit den Höhenangaben der Tabelle stimmten *Bezold*'s Messungen durchaus nicht. Die Tabelle hat übrigens mehrere Flüchtigkeitsfehler.

1025) Die Polhöhe von Augsburg (St. Ulrich) ist $48°21'42''$.
— Wegen der Thierkreiszeichen vergl. Note 997).

1029) Eigentlich müsste die Gleichung heissen

$$\frac{d^2 z}{d x^2} = 0 \, .$$

Doch ist L.'s bequemere Form, welche $\sin z$ in der Klammer beibehält, zulässig.

Theil VI. Astrophotometrie.
Kapitel 1. Beleuchtete Kugel. Anwendungen auf den Mond.

§ 1030 bis 1038: Weggelassen bis auf § 1035, welcher den Hauptinhalt dieses Abschnittes angibt, nämlich, dass die Aufgabe speciell für den Mond erschwert wird a) durch *Bodenerhebungen*, b) durch *ungleiche Albedo* verschiedener Theile.

a) *Zöllner* hat, Phot. Unt. Theil 2, einen Satz aufgestellt, welcher die beleuchtete und dadurch selbstleuchtend gewordene Kugel durch einen Kreiscylinder ersetzt. Indem er sich nun die Unregelmässigkeiten auf der Mondoberfläche darstellbar dachte durch zahllose dächerartige, d. h. von zwei Ebenen begrenzte, langgezogene Vorsprünge, glaubte er auch diese umgestaltete Kugeloberfläche durch eine Cylinderfläche ersetzen zu dürfen, welche eine der Axe parallele Cannelirung trägt. Hierdurch wurde für die Beleuchtung durch eine Mondphase eine Formel abgeleitet, deren Constanten durch die Beobachtung bestimmt wurden und für welche er am Schluss des dritten Theiles eine Tafel mitgetheilt hat. Doch hat die Formel nur den Werth einer Interpolationsformel, da *Seeliger* auf die Fehler der Entwickelung eingehend hingewiesen hat (»Bemerkungen zu *Zöllner*'s Phot. Unt.«).

b) *Bouguer* (*Traité*, Buch 2, Abschn. 1, Art. 8) fand die Mitte des *mare humorum* fünf bis sechsmal so hell als die dunkele Stelle im *Grimaldi*. Noch weit grössere Helligkeitsunterschiede fand *Arago*. Man vergl. hierüber *Zöllner*, Phot. Unt., S. 276.

Der Begriff des *Mittelwerthes* der Reflexionsfähigkeiten, mit welchem L. sich hier beruhigt, darf nur dann eingeführt werden, wenn an jeder Stelle jede mögliche Albedo vorkommt. Im anderen Fall, welcher beim Mond zutrifft, ist ein Schluss von der Beleuchtung durch den Theil auf die Beleuchtung durch das Ganze mit Hilfe einer bestimmten Beleuchtungsformel (also etwa (2a), (2b) oder (2c) Note § 696 bis 702) überhaupt nicht möglich.

§ 1039 bis 1051: **Mittlere scheinbare Helligkeit einer Kugel**, d. h. die dem Beobachter zugewandte Beleuchtung, dividirt durch die scheinbare Grösse des hell erscheinenden Theiles der Kugel. Von Interesse ist nur der Ausdruck des Zählers, welcher der Messung zugänglich ist, während die mittlere scheinbare Helligkeit nur eine Fiction bedeutet.

Um die Constanten und Einheiten in der Entwickelung des

Ausdrucks für den Zähler q § 1041 bis 1045 richtig zu erhalten, erwägen wir: Ein Element df' des Mondes erhält von der Sonne, wenn J deren Intensität und s deren scheinbarer (wie hier immer, vom Mond aus gesehener) Halbmesser ist, wegen des Incidenzwinkels i' die Beleuchtung

$$J\pi \sin^2 s \cos i'.$$

Folglich wird nach Note § 766 bis 770, Formel (4a'), dieses Element df' selbstleuchtend mit der Intensität

$$J' = \frac{A}{\pi} \text{ mal } J\pi \sin^2 s \cos i' = AJ \sin^2 s \cos i'. \quad (\alpha)$$

Es ist nun (Bezeichnung analog Note 37)) die scheinbare Helligkeit des Mondes $J_0' = J'$ und das scheinbare Flächenelement

$$d\varphi' = df' \cos \varepsilon' \frac{1}{r'^2}, \quad (\beta)$$

wo r' die Entfernung des Mondes von der Erde bedeutet. Setzt man also im Ausdruck für die nach der Erde hingesandte Beleuchtung (Note 37))

$$\int J' d\varphi' \cos i'',$$

wo i'' der Incidenzwinkel auf der Erde ist, die Werthe (α) und (β) ein und in diesen wieder die *Lambert*'schen Werthe

$$\cos i' = \sin y \sin x \quad (\S\ 1011)$$
$$\left.\begin{array}{l} \cos \varepsilon' = \cos(y-a) \sin x \\ df' = \varrho^2 \sin x \, dx \, dy \end{array}\right\} \S\ 1042,$$

wo ϱ der wahre Halbmesser des Mondes ist, so erhält ein Element der Erde unter dem Incidenzwinkel i'' vom Mondelement df' die Beleuchtung:

$$\cos i'' \frac{\varrho^2}{r'^2} AJ \sin^2 s \sin^3 x \sin y \cos(y-a) \, dx \, dy \quad (\S\ 1042)$$

und durch Integration wird, wobei man i'' constant halten darf, die von der ganzen Phase nach der Erde hin geschickte *Beleuchtung* =

$$\cos i'' \frac{\varrho^2}{r'^2} JA \sin^2 s \tfrac{2}{3} [\cos \alpha (\pi - \alpha) + \sin \alpha], \quad (\gamma)$$

wo $ED = \alpha$ gesetzt worden ist. Diesen Winkel α bezeichnet man *jetzt*, z. B. *Seeliger* und *Müller*, als *Phasenwinkel*, während man *früher* $v = \pi - \alpha$ so zu bezeichnen pflegte, sodass der Ausdruck lauten würde

$$\cos i''' \frac{\varrho^2}{r'^2} JA \sin^2 s \tfrac{2}{3} (\sin v - v \cos v) . \qquad (\delta)$$

Diese Formeln (γ) und (δ) stimmen mit den zwei *Lambert*'schen für q (§ 1045 und § 1047) bis auf den Factor

$$\cos i''' \frac{\varrho^2}{r'^2} J,$$

wofür man, wenn σ der scheinbare Halbmesser des Mondes ist, schreiben kann

$$\cos i''' \sin^2 \sigma J.$$

Es ist also das L.'sche $q = $ *Beleuchtung* auf der Erde, *dividirt durch diesen Factor*. Bei L.'s »mittlerer Helligkeit« ist diese Weglassung berechtigt, da man ja $i''' = 0$ und $J = 1$ setzen darf und $\sin^2 \sigma$ sich gegen einen gleichen Factor weghebt. Doch ist diese Feststellung wegen des Späteren erforderlich.

1048) Ist die Intensität der Sonne $= 1$, so ist auch ihre »mittlere Helligkeit« $= 1$, mithin η und 1 ohne Weiteres unter sich vergleichbar, *nicht* aber vergleichbar mit den *gemessenen Zahlen*. Denn *gemessen* wird nie etwas anderes als die Beleuchtung, welche der *Gesammtheit* der von Sonne oder Mond zur Erde hingesandten Lichtmenge proportional ist; und um die »mittlere Helligkeit« mit dieser vergleichbar zu machen, müsste man noch auf die scheinbare Flächengrösse Rücksicht nehmen. Wir können wegen Note § 1039 bis 1051 direct schreiben:

Beleuchtung durch die Sonne $= J\pi \sin^2 s \cos i'''$

Beleuchtung durch den Vollmond $= J\pi \sin^2 s \cos i''' \cdot \tfrac{2}{3} A \sin^2 \sigma$,

mithin verhalten sich die gemessenen Grössen wie $1 : \tfrac{2}{3} A \sin^2 \sigma$, während sich die »mittleren Helligkeiten« verhalten wie $1 : \tfrac{2}{3} A \sin^2 s$. Dadurch, dass L. beide unter einander wirft, d. h. die »mittleren Helligkeiten« mit den gemessenen Grössen verwechselt, entsteht allerdings *hier*, wo σ und s nahezu gleich sind, kein Fehler; es macht jedoch dieser Umstand einen grossen Theil des folgenden Kapitels über die *Planeten* vollkommen werthlos.

Der Versuch *Bouguer*'s ist im *Essai*, erste Abtheilung,

Artikel 7 mitgetheilt. Das Sonnenlicht wird dabei durch eine Concavlinse geschwächt. Wegen des Werthes $A = \frac{1}{4}$ vergl. die Note § 1075 bis 1078.

1050) $JA \sin^2 s$ ist die Intensität J', mit welcher der Punkt D selbstleuchtend geworden ist, also gleich dessen *scheinbarer* Helligkeit J_0'. Dies folgt, wenn man in Note § 1039 bis 1051 Formel (α) $i' = 0$ setzt.

Die mitgetheilte Tafel ist wegen früherer Bemerkungen werthlos.

§ 1052 bis 1055: **Kleine Correctionen.**

1053) Die richtige Verhältnisszahl zwischen den mittleren Entfernungen der Erde vom Mond und von der Sonne ist ungefähr 1 : 387. Es werden sich also L.'s Correctionen um kleine Beträge ändern, die jedoch gleichgiltig sind.

1054) Was L. mit dem Ausdruck »Kleinigkeiten« meint, geht aus § 1062 hervor.

§ 1056 bis 1063: **Beleuchtung durch eine beleuchtete Kugel.** Es folge eine etwas allgemeinere Darstellung. Man erinnere sich hierzu an die Bezeichnungen Note § 696 bis 702. Fällt demnach auf ein Element df' der Kugel ein Lichtstrahl von der *Dichtigkeit* $\varDelta$, so ist, wenn i' der Incidenzwinkel ist, die unter dem Emanationswinkel ε' ausgesandte *Lichtmenge* $= dq = \varDelta df' \varphi(i', \varepsilon')$ und das Element wird *in dieser Richtung selbstleuchtend* mit der scheinbaren Helligkeit $= J' = \varDelta \varphi(i', \varepsilon') : \cos \varepsilon'$. Aus diesen zwei Grössen lassen sich alle anderen in Frage kommenden bequem bilden, beispielsweise die *Beleuchtung*, welche ein drittes Element von dem beleuchteten Kugelelement erhält, indem man zu dq den Factor $\cos i'' : r'^2$ zufügt.

Führt man andere Coordinaten ein, nämlich die Länge ω auf einem Kreise, welcher durch die beiden Punkte geht, welche die Erde und die Sonne im Zenith haben, und zwar gemessen vom ersteren Punkt aus nach dem letzteren hin, und als andere Coordinate die Breite ψ, so ist

$$\cos i' = \cos \psi \cos (\omega - \alpha)$$
$$\cos \varepsilon' = \cos \psi \cos \omega$$
$$df' = \cos \psi \, d\omega \, d\psi \cdot \varrho^2,$$

wo α den Phasenwinkel und ϱ den Halbmesser der Kugel bedeutet. Hiernach ist die in der Richtung ε' *ausgesandte Lichtmenge* für die 3 in Note § 696 bis 702 erwähnten Formen von $\varphi(i', \varepsilon')$ nach Formeln (2) und (2a), (2b), (2c):

$$dq = \Delta df' \frac{A}{\pi} \cos i' \cos \varepsilon' =$$
$$\Delta \varrho^2 \frac{A}{\pi} \cos^3 \psi \cos \omega \cos (\omega - \alpha) \, d\omega \, d\psi$$

$$dq = \Delta df' \frac{B}{4\pi} \frac{\cos i' \cos \varepsilon'}{\cos i' + \cos \varepsilon'} =$$
$$\Delta \varrho^2 \frac{B}{4\pi} \cos^2 \psi \frac{\cos \omega \cos (\omega - \alpha)}{\cos \omega + \cos (\omega - \alpha)} \, d\omega \, d\psi$$

$$dq = \Delta df' \frac{C}{2\pi} \cos i' = \Delta \varrho^2 \frac{C}{2\pi} \cos^2 \psi \cos(\omega - \alpha) \, d\omega \, d\psi.$$

Man denkt sich nun die Dimension der Kugel unendlich klein gegenüber den Entfernungen, d. h. man betrachtet, da ein anderer Fall in der Astrophysik nicht vorkommt, alle Strahlen, welche auf die verschiedenen Theile der Kugel auffallen, als einander parallel; und dasselbe nimmt man auch für die austretenden Strahlen an. Integrirt man dann zwischen den Grenzen $\omega = -90^0 + \alpha$ und $\omega = +90^0$ sowie $\psi = -90^0$ und $\psi = +90^0$, so erhält man für die beim Phasenwinkel α von der Kugel *ausgestrahlte Lichtmenge*:

$$q = \Delta \varrho^2 \, A \, \tfrac{2}{3} \cdot \frac{\sin \alpha + (\pi - \alpha) \cos \alpha}{\pi} \quad \text{(A)}$$

$$q = \Delta \varrho^2 \, B \, \tfrac{1}{8} \cdot [1 - \sin \tfrac{1}{2} \alpha \, \mathrm{tg} \, \tfrac{1}{2} \alpha \log \cotg \tfrac{1}{4} \alpha] \quad \text{(B)}$$

$$q = \Delta \varrho^2 \, C \, \tfrac{1}{2} \cdot \cos^2 \tfrac{1}{2} \alpha. \quad \text{(C)}$$

Für je den letzten Factor dieser 3 Formeln sei die nachstehende Uebersicht mitgetheilt, welche dazu dienen soll, den Verlauf der *Lambert*'schen Tabelle § 1059 (welche, um mit dem letzten Factor in (A) identisch zu werden, mit $\tfrac{2}{3}$ multiplicirt wurde) mit den Zahlwerthen der Formeln (B) und (C) zu vergleichen:

α	(A)	(B)	(C)
0^0	1.0000	1.0000	1.0000
10	0.9853	0.9761	0.9924
20	0.9441	0.9254	0.9698
30	0.8808	0.8594	0.9330
40	0.8004	0.7840	0.8830
50	0.7080	0.7031	0.8214
60	0.6090	0.6198	0.7500
70	0.5080	0.5364	0.6710

α	(A)	(B)	(C)
80°	0.4099	0.4549	0.5868
90	0.3183	0.3768	0.5000
100	0.2364	0.3035	0.4132
110	0.1660	0.2363	0.3290
120	0.1090	0.1760	0.2500
130	0.0652	0.1237	0.1786
140	0.0343	0.0799	0.1170
150	0.0149	0.0453	0.0670
160	0.0045	0.0202	0.0302
170	0.0006	0.0051	0.0076
180	0.0000	0.0000	0.0000

Die Formel (A), die *Lambert*'sche, ist diejenige, mit welcher man seit *Seidel* und *Zöllner* gewöhnlich zu rechnen pflegt, die Formel (B) wurde durch *Seeliger* eingeführt und die Formel (C) wurde früher mehrfach, z. B. in dem *Smith-Küstner*'schen Werke (S. 382), auch später in nichtphotometrischen Schriften nicht selten benutzt, auch neuerdings erst wieder von *Parkhurst* (Annals of Harvard College obs., Vol. 18, No. 3) versuchsweise auf die Asteroiden angewandt.

Eine ausführliche Tabelle der Logarithmen der Reihe (A) gibt *Seidel* am Schlusse der Abhandlung »Untersuchungen über die Lichtstärke der Planeten«, und eine ausführliche Tabelle der Werthe (B) hat *Seeliger* am Schlusse der Abhandlung »Zur Theorie der Beleuchtung der grossen Planeten« mitgetheilt.

Ueber die zahlreichen Formeln, deren man sich *vor Seidel* da und dort bedient hat, vergl. *Zöllner*, Phot. Unt. S. XXVIII, Anmerkung; die *Bouguer*'sche wurde schon oben, S. 61 der Anmerkungen, erwähnt.

Die Formeln (A), (B) und (C) sind in dem Grade hypothetisch, in welchem die Natur der Function φ es ist, auf welcher sie beruhen. Sie können mithin nur den Werth von Interpolationsformeln beanspruchen; es hat sich aber keine von ihnen in unwidersprochener Weise streng bewährt. Bei dem einen Himmelskörper wird die eine, beim anderen eine andere sich den Beobachtungen besser anschliessen.

Auf die Natur des photometrischen Grundgesetzes lässt sich, wenn für den betreffenden Himmelskörper ein Gesetz für die von der Kugel ausgesandte Lichtmenge (also etwa (A)) durch die Beobachtungen bestätigt würde, nicht ziehen, da in der Function φ zwei, in den vorigen Gesetzen aber nur ein Argument auftritt.

Diese theoretische Frage zu entscheiden, ist die Beobachtung der *Lichtvertheilung in der Phase* erforderlich, welche in der That von 2 Argumenten, nämlich ω und ψ, abhängt. Es ist

$$J' = C_1 \cos i'' \qquad = C_1 \cdot \cos \psi \cos (\omega - \alpha) \qquad (a)$$

$$J' = C_2 \frac{\cos i''}{\cos i'' + \cos \varepsilon'} = C_2 \cdot [\tfrac{1}{2} + \tfrac{1}{2} \operatorname{tg} \tfrac{1}{2} \alpha \operatorname{tg} (\omega - \tfrac{1}{2} \alpha)] \qquad (b)$$

$$J' = C_3 \frac{\cos i''}{\cos \varepsilon'} \qquad = C_3 \cdot \cos \alpha \, (1 + \operatorname{tg} \alpha \operatorname{tg} \omega) . \qquad (c)$$

Doch liegen Beobachtungen in dieser Richtung nicht vor, wenn auch die eine Consequenz, dass für jede der 3 Formeln der vollbeleuchtete Rand scharf begrenzt, der andere verwaschen erscheint, mehrfach bestätigt wurde. Vergl. Astr. Nachr. Nr. 3095.

Die Lichtvertheilung bei der *Opposition* ist dagegen wieder nur ein negatives Kriterium, da nur *eine Variable* auftritt ($\cos \psi \cos \omega = \cos$ der Winkeldistanz vom Centrum). Die Formel (a) gibt Abnahme der scheinbaren Helligkeit vom Centrum nach dem Rande hin, (b) und (c) geben gleichmässige scheinbare Helligkeit.

Die Entwickelungen L.'s im Text beruhen auf dem Umweg, zuerst mit Hilfe der ausgestrahlten Lichtmenge die »mittlere Helligkeit« und mit Hilfe dieser wieder eine mit der ausgestrahlten Lichtmenge proportionale Grösse zu bestimmen. Diese Grösse c, welche L. bestimmt, ist die *Intensität*, mit welcher ein von der *ausgestrahlten Lichtmenge* q normal beleuchtetes Element der Erde von der Albedo 1 *selbstleuchtend* wird. Bei senkrechter Incidenz ist nämlich die *Beleuchtung* eines Elements auf der Erde (vergl. z. B. Formel (A) dieser Note) gleich

$$\frac{q}{r'^2} = J \pi \sin^2 s \sin^2 \sigma \, A \, \frac{\sin \alpha + (\pi - \alpha) \cos \alpha}{\pi}, \qquad (\alpha)$$

wo r' die Entfernung des Mondes und in

$$\frac{\varrho}{r'} = \sin \sigma$$

σ den scheinbaren Halbmesser desselben bedeutet, und wo für A der Werth desselben $= J \pi \sin^2 s$ gesetzt worden ist. Dieses Element wird aber nach Note § 766 bis 770 selbstleuchtend mit der *Intensität* =

$$\frac{\text{Albedo} = 1}{\pi} \text{ mal } \frac{q}{r'^2}$$

und dieser Ausdruck ist identisch mit L.'s Formel für c in § 1058.

1057) Es ist in
$$C = \frac{\text{Albedo} = 1}{\pi} \cdot J\pi \sin^2 S$$

$J=1$ gesetzt worden. Betreffs der Constanten in c vergl. auch Note § 1039 bis 1051.

1059) Der Ausdruck »Beleuchtung« in der Tabelle statt »Intensität des selbstleuchtenden Elements« ist hier nicht gerade falsch, da es nur auf die Proportionalität ankommt.

1061) Da
$$C = \frac{a}{\pi} \cdot J\pi \sin^2 S,$$
so folgt für $J=1$ dass $a = C : \sin^2 S$.

Es ist für mittlere Entfernungen

$S = s = 32'\ 3''.6$ nach Greenwicher Beob.

$\sigma = 31\ \ 5.7$ nach Küstner.

1063) Dass sich die Bodenerhebungen im Endresultat compensiren, weil man sich jedes Element der wahren Oberfläche an die ihm parallele Stelle der geometrischen Kugeloberfläche übertragen denken dürfe, ist im Allgemeinen nicht richtig. Denn findet eine solche Compensation bei einer bestimmten Phase (z. B. Vollmond) wirklich statt, so ist leicht zu sehen, dass bei anderen Phasen (z. B. erstes Viertel) die Abweichung um so grösser sein muss. Man erinnere sich auch der in Note § 1030 bis 1038 a) erwähnten Zöllner'schen Bemühungen.

§ 1064: **Der Mond als spiegelnde Kugel.** Die Constanten erhält man so wie L., wenn man die *Dichtigkeit* der Sonnenstrahlen beim Auffallen auf den Mond, d. h. *die Beleuchtung* eines zu den Sonnenstrahlen senkrechten Mondelements $=1$ setzt. Es wird also in der Formel § 653 (vergl. auch Note dazu) $\varDelta = 1$.

§ 1065 bis 1074: **Der Mond im Erdlicht (aschfarbenes Licht des Mondes).** Es war c die Intensität, mit welcher ein von der Mondphase senkrecht beleuchtetes irdisches Element selbstleuchtend wird; dem entsprechend ist $\varkappa$ die Intensität, mit welcher ein von der Erdphase senkrecht beleuchtetes Mondelement selbstleuchtend wird. Fällt das Licht schief ein, nämlich unter dem Incidenzwinkel i'', so wird jene Intensität

$= \varkappa' = \varkappa \cos i'''$. Bezeichnet man dann mit $d\varphi''$ ein Element der scheinbaren Mondoberfläche, so bildet L. hier den Ausdruck

$$K = \frac{\int \varkappa' d\varphi''}{\int d\varphi''}.$$

1069) Die Bezeichnung c hat mit derjenigen § 1067 nichts zu thun; es ist vielmehr das c der Tabelle identisch mit dem η § 1046 und § 1057.

1072) Diese Art, die Albedo zu bestimmen, ist, abgesehen von den Zahlwerthen, formell schon deshalb nicht statthaft, weil der Begriff der Albedo nur beim *Lambert*'schen Grundgesetz anwendbar ist, und dieses hat für die Atmosphäre der Erde nach L.'s eigenen Ueberschlagsrechnungen keine Geltung.

§ 1075 bis 1078: **Vergleichung des Mondlichts mit dem Kerzenlicht.** Dasjenige, was L. hieraus berechnet, ist die »mittlere Helligkeit« des Vollmondes, verglichen mit der Intensität einer Kerze.

Gewöhnlich pflegte man später die *Beleuchtungen* zu vergleichen, welche einerseits der *Vollmond*, andererseits die *Sonne* oder die *Planeten* und *Sterne* unter gleichen Umständen auf der Erde erzeugen. Eine Aufzählung der bis dahin bekannten Vergleichungen findet man bei *Seidel* »Untersuchungen über die gegens. Helligkeiten etc.« Erwähnt seien hiervon und von späteren:

Bouguer (Essai I, 7)	$\frac{\text{Sonne}}{\text{Vollmond}} = 300\,000$
Wollaston (Phil. Trans. Vol. 119) . . .	801 072
Bond (Mem. of the Amer. Acad. 1861) .	470 980
Zöllner (Phot. Unt. S. 105) erste Methode:	618 000
Zöllner (Phot. Unt. S. 110) zweite Methode:	619 600

Um für derartige Vergleichungen auch solche Beobachtungen verwerthen zu können, die in einer beliebigen Mondphase angestellt waren, bedurfte man einer Reductionsformel von der Beleuchtung durch die Phase auf die Beleuchtung durch die volle Scheibe. Hierzu verwendete *Zöllner* speciell für den Mond nicht die Formel (α) in Note § 1056 bis 1063, sondern die in Note § 1030 bis 1038 unter a) erwähnte Interpolationsformel. Indem er dann aus den beiden Gleichungen für die Beleuchtungen durch die Sonne und durch den Vollmond die Grösse J eliminirt und dann den Elevationswinkel der Mondberge $\beta = 52°$ setzt, findet er die wahre Albedo des Mondes $= 0.1736$. Wegen der in Note § 1030 bis 1038 unter b) erwähnten sehr grossen Helligkeitsverschiedenheiten auf der Mondoberfläche glaubte er für die hellen Theile eine so grosse Albedo annehmen zu dürfen, welche mit seiner Ansicht, dass die hellen Stellen aus Schnee- und Eismassen beständen, in Einklang wäre. Man vergl. auch die folgende Note.

Kapitel 2. Anwendungen auf die Planeten.

Die Constanten der Reductionsformel. Man kann, welches auch das Grundgesetz sei, der Reductionsformel von der Phasenbeleuchtung auf die Opposition, die wir als durch die Beobachtungen bestätigt ansehen wollen, stets die Gestalt geben

$$\text{Beleuchtung} = J\pi \sin^2 s \sin^2 \sigma \cdot M \cdot f(\alpha),$$

wo M eine Constante und $f(0) = 1$ sein soll. Vergl. z. B. Note § 1056 bis 1063 Formeln (A), (B), (C) und (α). Dann bieten sich folgende Aufgaben:

1) Man vergleicht die Oppositionsbeleuchtung des Planeten mit der Beleuchtung durch einen Fixstern. Dann hat man ein Hilfsmittel zu entscheiden, ob das J der Sonne eine mit der Zeit veränderliche Grösse ist. Diese Frage ist seit *Seidel* theils verneint, theils bejaht worden.

2) Man vergleicht die Oppositionsbeleuchtungen zweier Planeten gegenseitig, nämlich

$$\text{einmal } J\pi \sin^2 s_1 \sin^2 \sigma_1 M_1$$
$$\text{und einmal } J\pi \sin^2 s_2 \sin^2 \sigma_2 M_2$$

(wobei also die Function f für beide Planeten eine verschiedene sein darf). Dann kann man die gegenseitigen Verhältnisse der M bestimmen und es fand *Seidel* (Untersuchungen über die Lichtstärke der Planeten etc.), dass das M des Mars etwa den fünften Theil desjenigen von Venus, Jupiter und Saturn beträgt, woraus sich mit Sicherheit auf einen *verschiedenen* Oberflächencharakter des Mars gegenüber den anderen schliessen lässt. Aus der *Gleichheit* der M würde sich nichts schliessen lassen.

3) Ueber diese zwar eingeschränkte aber sichere Fragestellung ist *Zöllner* weit hinausgegangen. Selbst wenn die Beobachtungen ergeben haben, dass $f(\alpha)$ dem letzten Factor der Gleichung (α) Note § 1056 bis 1063 gleich ist, so folgt doch noch nicht, dass das Grundgesetz das Lambert'sche ist, nämlich

$$dq = A df' \frac{A}{\pi} \cos i'' \cos \varepsilon',$$

mithin ist es auch noch nicht ausgemacht, dass man $M = \frac{2}{3} A$

setzen und A als Characteristicum einer Planetenoberfläche ansehen dürfe. Indem dies Zöllner gleichwohl that, fand er (Phot. Unt. S. 165):

Mars $A =$	0.2672
Jupiter	0.6238
Saturn	0.4981
Uranus	0.6406
Neptun	0.4648

und indem er diese Zahlen mit den entsprechenden Werthen irdischer Substanzen verglich, z. B.

Frisch gefallener Schnee $A =$	0.783
Weisses Papier	0.700
Weisser Sandstein	0.237
Thonmergel	0.156
Quarzporphyr	0.108
Feuchte Ackererde	0.079
Dunkelgrauer Syenit	0.078

glaubte er zu seinen bekannten im vierten Theile der Phot. Unt. ausgesprochenen Schlüssen über die Oberflächenbeschaffenheit der Planeten vordringen zu können. Eine formell einwurfsfreie Untersuchung dieser Art wäre nur möglich, wenn man eine zweite Interpolationsformel, nämlich für die Lichtvertheilung in der Opposition kennen würde, sodass es möglich wäre, die Beleuchtung durch die Kugelfläche auf eine Beleuchtung durch eine ebene, senkrecht bestrahlte und senkrecht ausstrahlende Scheibe zu reduciren; dieselbe wäre dann mit der Beleuchtung durch ein senkrecht bestrahltes und senkrecht ausstrahlendes irdisches Element allerdings vergleichbar. Man vergleiche auch die Bemerkungen *Seeliger*'s in der Schrift »Zur Photometrie zerstreut reflectirender Substanzen.«

Der Einfluss der ellipsoidischen Gestalt der Planeten auf die Beleuchtungsformel. *Seeliger* hat in der Abhandlung »Zur Theorie der Beleuchtung der grossen Planeten, insbesondere des Saturn« die Beleuchtungsformeln für das Rotationsellipsoid entwickelt und zwar einerseits unter Zugrundelegung der Formel (2a) Note § 696 bis 702 bis zur dritten Potenz des Phasenwinkels, was dort, wo Abplattungen auftreten, genau genug ist, andererseits streng für die Formel (2b). Es wird dann gezeigt, dass der Factor $f(\alpha)$ gegenwärtiger Note für eine genügend genaue Rechnung beim Ellipsoid sich ersetzen lässt im ersten Fall durch

$$\tfrac{2}{3} \cos \alpha \, (P \cos^2 A + R \sin^2 A)$$

und im zweiten Fall durch

$$(1 - \sin \tfrac{1}{2} \alpha \, \operatorname{tg} \tfrac{1}{2} \alpha \, \log \operatorname{cotg} \tfrac{1}{4} \alpha) \sqrt{1 + \frac{a^2 - b^2}{b^2} \sin^2 A}.$$

Dabei sind a und b die Halbaxen des Planeten, P und R sind 2 nur von der Abplattung abhängige Grössen und A ist die Elevation der Erde über dem Aequator der Planeten. Zur Berechnung der vorstehenden Ausdrücke sind für die vorkommenden Fälle am Schluss der Abhandlung Tafeln mitgetheilt.

Die geometrischen Verhältnisse des Saturnsystems (die physischen wurden Note Theil V, Kapitel 2 erwähnt) veranlassen weitere Complicationen dadurch, dass der Ring einen Theil des Saturnkörpers, dieser einen Theil des Ringes verdeckt, ferner durch den Schattenwurf des Ringes auf den Saturn und umgekehrt. Auch dieser Gegenstand ist durch *Seeliger* in der gleichen Abhandlung erledigt und die Reduction der Beobachtungen unter Vermeidung mechanischer Quadraturen durch Hilfstafeln erleichtert. Eine Zusammenstellung der Formeln, welche vollständig genug sein soll, um mit ihrer Hilfe die Seeliger'schen Tafeln benutzen zu können, findet man Astronomische Nachrichten Nr. 2881 (Bd. 121).

Soviel über die neuere Forschung. Jetzt zu Lambert.

§ 1079 bis 1086: **Mittlere scheinbare Helligkeit der Planeten**.

1080) Infolge dieses Irrthums von Lambert, welcher die »mittlere Helligkeit« als maassgebend ansieht, während in Wirklichkeit die Beleuchtung dasjenige ist, was mit dem Photometer gemessen wird, kann dem ganzen Kapitel nur allenfalls eine historische Bedeutung zuerkannt werden.

1085) *Lahire* lebte 1640 bis 1718. Er schrieb: »La gnomonique«, »Théorie des coniques«; betheiligte sich mit den Cassini an der Fortsetzung der Picard'schen Gradmessung. Das citirte Werk heisst: Tabulae astronomicae ex ipsis observationibus deductae, cum usu tabularum. Parisiis 1687—1702.

§ 1087 bis 1090: **Der Phasenwinkel**.

1087) Man berechnet den Phasenwinkel α gewöhnlich durch die Formel

$$\sin \tfrac{1}{2} \alpha = \sqrt{\frac{(R + r' - r)(R + r - r')}{r\, r'}},$$

wo R die Entfernung Sonne-Erde bedeutet. Doch lässt sich bei geeigneten Ephemeriden namentlich für die oberen Planeten die Rechnung wesentlich vereinfachen.

1089) Diese Zahlen sind mittlere scheinbare Helligkeiten, nicht Beleuchtungen.

§ 1091 bis 1101: **Weggelassen** ist der Versuch, die in § 1090 bezeichnete Aufgabe zu lösen. L. leitet eine Gleichung ab zwischen dem gesuchten Maximum der Elongation $= \omega$ und dem Winkel φ am äusseren Planeten zwischen der Tangente der Bahn und dem Radiusvector nach der Sonne. Der weitere Gang der Rechnung wird nur angedeutet und dann schliesst L. mit den Worten: »Wenn sich der Winkel auf einem kürzeren Wege nicht finden lässt, so wird ihn kaum Jemand auf diese Weise bestimmen.«

§ 1102 bis 1125: **Weggelassen**. L. sucht hier zu erklären, warum das mit dem blossen Auge angesehene Bild der Planeten grösser erscheint, als es geometrisch sein sollte. Hierbei wird mehrfach Bezug genommen auf das Werk von *Jurin: Essay upon distinct and indistinct vision*, welches in deutscher Umarbeitung, welche Kästner ebensowenig eine Uebersetzung wie einen Auszug nennt, der Smith-Kästner'schen Optik angehängt ist. *Jurin* erklärte die Erscheinung sehr ausführlich durch *ungenügende Accommodation*. Hierzu fügt aber *Lambert* von § 1115 ab noch 3 weitere Ursachen hinzu:

1) die Dämpfe in der Luft (§ 1119),
2) das Auge steht nicht absolut ruhig (§ 1120),
3) die benachbarten Fibrillen werden in Miterregung gezogen (§ 1121).

Wegen des letzten Punktes vergl. Note § 832 bis 834.

Die wirkliche Hauptursache ist jedenfalls die *Beugung* am Rande der Pupille. In der That zeigt man, dass der Durchmesser des Beugungsscheibchens, welches von einem leuchtenden Punkt erzeugt wird, etwa 2 Minuten beträgt (erstes Minimum). Gleichwohl wird auch die »*Irradiation*« mitspielen. Da *Helmholtz* die letztere durch ungenaue Accommodation und bei genauer Accommodation durch monochromatische Abweichungen erklärt, während *Plateau* die Ansicht vertritt, dass die benachbarten Netzhautstellen physiologisch in Miterregung gezogen werden, so hat der weggelassene Abschnitt das Interesse, wohl aber nur dieses einzige, zu zeigen, wie diese beiden neueren Ansichten in denen von *Jurin* und *Lambert* ihre Vorläufer haben.

§ 1126 bis 1128: **Die Beleuchtung durch einen Planeten.**

1126) Führt man die hier angedeuteten, zum Theil sich gegenseitig aufhebenden Operationen durch, so gelangt man in der That auf die einfache Formel (α), Note § 1056 bis 1063:

$$\text{Normale Beleuchtung} = J\pi \sin^2 s \sin^2 \sigma\, A\, \tfrac{2}{3} \frac{\sin v - v \cos v}{\pi}$$

bis auf den Factor $J\pi$, welchen L. weggelassen hat.

1127) Die Formel der vorigen Note denkt sich L. hier so geschrieben ($S =$ scheinb. Sonnenhalbm. von der Erde aus):

$$J\pi \sin^2 S\, \tfrac{2}{3} A \cdot \frac{\sin^2 s}{\sin^2 S} \cdot \sin^2 \sigma \cdot \frac{\sin v - v \cos v}{\pi}$$

und den ersten Factor (bis zum ersten Punkt) $= 1$ gesetzt, während der zweite Factor die aus § 1085 entnommene »centrale Helligkeit« gibt, welche also nicht mit der früheren (§ 1050) identisch ist. Statt des dritten Factors setzt L. quadrirte Secunden und der vierte ist hier $= 1$.

1128) Bei Mercur und Venus ist der letzte Factor falsch angebracht. Berichtigt man dies, so sind die L.'schen Zahlen für diese beiden Planeten mit $\tfrac{1}{2}$ zu multipliciren.

§ 1129 bis 1134: **Der Widerspruch der Resultate mit dem Augenschein**, d. h. bei Beobachtung mit dem blossen Auge. Dieser Widerspruch, den L. nicht zu lösen vermag, ist ein doppelter:

A) Hinsichtlich der *Reihenfolge* der am Schluss von § 1128 aufgeführten Beleuchtungen klärt er sich dadurch auf, dass L.'s Durchmesserwerthe zum Theil falsch sind. Es beträgt

	der scheinbare Durchmesser nach Lambert:	in Wirklichkeit:	
für ♄	18″	19″	}
♃	46	46	} Opposition
♂	30	17	}
♀	30	26	} Halberleuchtet.
☿	9	7	}

Beispielsweise sinkt bei *Mars* schon hierdurch die Lambert'sche Zahl für die Beleuchtung auf den dritten Theil ihres Werthes, und da nach Seidel die Albedo des Mars den fünften Theil derjenigen des Jupiter beträgt (Untersuchungen über die Lichtstärke der Planeten S. 52), so wird die Beleuchtung durch Mars in der That wesentlich kleiner als die durch Jupiter.

B) Hinsichtlich der *starken Verschiedenheit* der Zahlen klärt sich die Sache auf durch das *Fechner*'sche Gesetz, nach welchem man nicht die Zahlen, sondern die Logarithmen vergleichen darf. Nach Note § 265 bis 270 ist die empfundene Grösse

$$= x + \beta \log \text{Beleuchtung},$$

wo x und β Constanten sind. Wir legen nun L.'s Zahlen am Schluss von § 1128 zu Grunde und bestimmen β so, dass die Anzahl der Empfindungsstufen von Saturn bis Jupiter $= 21$ wird. Dann sind also

	die Beleuchtungen:	die empfundenen Grössen:
für ♄	1	$x + 0$
♃	22	$x + 21$
♂	108	$x + 32$
☿♀	307	$x + 39$
☽	97	$x + 31$

Die Constante x ist durch *eine* Schätzung der gegenseitigen Helligkeiten zweier dieser Planeten zu bestimmen. Da sie jedenfalls positiv ist, so sind die Zahlen in der That einander bedeutend näher gerückt.

1129) Als maassgebend erachtet also L. die mittlere Helligkeit des wahrgenommenen Bildes, d. h., wie in dem citirten aber weggelassenen Paragraphen erklärt wird, desjenigen Bildes, welches durch Mitschwingen der benachbarten Fibrillen entsteht (imago sensibilis zum Unterschied von imago depicta = geometrisches Bild).

1130) Mit den Zahlenwerthen des *Tycho*, wie sie Houzeau's Vademecum mitgetheilt sind, stimmen diese Angaben L.'s für die scheinbaren Durchmesser durchaus nicht überein.

1132) Der *arcus visionis* ist die Tiefe der Sonne unter dem Horizont beim ersten Aufleuchten des Sterns.

1134) Der arcus visionis ist um so kleiner, je weiter der Planet zur Zeit seines Unterganges infolge der veränderlichen Lage der Ekliptik vom Vertical der Sonne entfernt ist. Dies wird breit auseinandergesetzt in

§ 1135 und 1136, welche weggelassen sind.

Kapitel 3. Die Fixsterne.

Die Photometrie der Fixsterne, welche erst seit der Wiedererweckung der Photometrie durch Seidel und Zöllner entstanden ist, verfolgt zwei Ziele: I) die Ableitung eines Helligkeitskatalogs der Fixsterne, II) die Theorie der veränderlichen Sterne.

Anmerkungen. 163

I. Das wissenschaftliche Endziel der **Helligkeitskataloge** liegt vorzugsweise auf rein astronomischem Gebiete und besteht darin, statt der nur beschränkt verwendbaren Parallaxenbestimmung aushelfend einzutreten und auch in anderer Weise zur Stellarastronomie Beiträge zu liefern. Deshalb ist es wohl kein Zufall, dass die hervorragende Pflege, welche der Herstellung von Helligkeitskatalogen in neuerer Zeit gewidmet worden ist, zeitlich mit der Aera der Zonenbeobachtungen zusammenfällt. Solche Helligkeitsverzeichnisse können angefertigt werden:

1) **durch directe Messung.** Erwähnt seien die Arbeiten von:

J. Herschel, dessen Resultate, jedoch vielfach verdächtigt worden sind,

Seidel, dessen sehr exacte Verzeichnisse einmal die *Fixsterne erster Grösse* (Bayer. Acad. Bd. 6, 1852), das zweite Mal *208 der hellsten Fixsterne* (ebendas. Bd. 9, 1863) umfassen,

Zöllner: Mehrere Hundert Fixsterne in den »Grundzügen einer allgem. Phot. des Himmels«.

Peirce (Photometric researches, Annals of Harvard College, Vol. 9, 1878).

Das Ziel, alle noch sichtbaren Sterne bis zur sechsten Grösse photometrisch zu bestimmen, wird verfolgt durch drei Arbeiten von:

Pickering (Annals of the Harvard College, Vol. 14),

Th. Wolff (Photometr. Beobachtungen an Fixsternen, Leipzig 1877, und ebenso Berlin 1884),

Pritchard (Uranometria nova Oxoniensis, in den Oxforder Astronomical observations),

2) **auf indirectem Wege** dadurch, dass man das ungeheure Material von Grössenschätzungen, welches in den astronomischen Katalogen der Fixsternpositionen niedergelegt ist, durch Umwandlung der Sterngrössen in photometrische Helligkeiten allgemein verwendbar macht. Hierzu bedarf man einer Beziehung zwischen Lichtstärke und Grössenklasse. Den Schlüssel hierzu gibt, worauf schon Fechner selbst hinweist, das *psychophysische Gesetz* desselben. Man schreibe mit Weglassung von H_0 die Hauptgleichung Note § 265 bis 270 so:

$$E = A \log C + A \log H,$$

wo E die *empfundene*, H die *objective* Lichtstärke (nach L.'s

Ausdrucksweise: Beleuchtung) darstellt und A und C Constanten bedeuten. Dann ist

für die Grössenklasse m : $E_m = A \log C + A \log H_m$
für die Grössenklasse $m+1$: $E_{m+1} = A \log C + A \log H_{m+1}$
für die Grössenklasse $m+n$: $E_{m+n} = A \log C + A \log H_{m+n}$.

Nun ist, wenn wirklich die Zunahmen der Empfindungsstufen proportional sind den Zunahmen der Grössenklassen, $E_m - E_{m+n} = n(E_m - E_{m+1})$, mithin erhält man aus den vorigen 3 die folgenden 2 Gleichungen:

$$(E_m - E_{m+1}) = A \log \frac{H_m}{H_{m+1}} \qquad (\nu)$$

$$n(E_m - E_{m+1}) = A \log \frac{H_m}{H_{m+n}}$$

und hieraus durch Elimination der Klammer die Hauptgleichung

$$\log \frac{H_{m+n}}{H_m} = -n \left[\log \frac{H_m}{H_{m+1}} \right], \qquad (n)$$

wo die eckige Klammer wegen (ν) eine Constante ist. Diese Gleichung dient, aus den gegebenen Grössenklassen $m+n$ und m das Helligkeitsverhältniss $H_{m+n} : H_m$ zu berechnen und umgekehrt. Zu Ueberschlagsrechnungen wählt man für die constante Klammergrösse die sog. *Pogson*'sche *Zahl*

$$\log \frac{H_m}{H_{m+1}} = 0.40, \quad \text{mithin} \quad \frac{H_m}{H_{m+1}} = 2.5,$$

welche zufällig die Eigenschaft hat: Numerus mal Logarithmus $= 1$, so dass

$$\frac{H_{m+1}}{H_m} = 0.40.$$

Schon lange vor der Entdeckung des Fechner'schen Gesetzes hatte *Steinheil* (Elemente der Helligkeitsmess.) die Gleichung (n) aufgestellt und auch die Klammergrösse bestimmt. Er fand dieselbe $= 0.45$. *Seidel* (Result. phot. Mess.) fand 0.46, *Johnson* (Radcliffe observations vol. 12) und *Pogson* (ebendas., vol. 15) fanden 0.38, *Peirce* nimmt 0.35 willkürlich an (Photom. researches) und verwandelt umgekehrt seine photometrischen Messungen mit Hilfe dieser Zahl in Grössenklassen. Aehnlich auch *Pickering*.

Für *Argelander's Uranometria nova*, deren Grössenangaben man in derselben Weise für die mit blossem Auge sichtbaren Sterne als maassgebend zu erachten pflegt, wie die der Bonner Durchmusterung für die telescopischen, hat *Th. Wolff* (Photometrische Beobachtungen an Fixsternen, Berlin 1884) die Zahl 0.37 abgeleitet und zugleich gefunden, dass diese Zahl nicht vollständig constant ist.

Die *Bonner Durchmusterung* wurde zuerst durch *Rosén* (Studien und Messungen an einem Zöllner'schen Astrophotometer, Petersburg 1869, aus dem Bulletin de l'Académie) bearbeitet, welcher für die Grössen der 5. bis 9. Klasse die Zahl 0.39 fand; später in eingehender Weise durch *Lindemann* (Photometrische Bestimmung der Grössenklassen der Bonner Durchmusterung, Petersburg 1889, Supplément II aux Observations de Poulkova). Er fand

für die Grössen:	$\log \dfrac{H_m}{H_{m+1}}$:
3 bis 5	0.29
5 und 6	0.30
6 und 7	0.39
7 und 8	0.39
8 und 9	0.44
9 und 9.5	0.79 .

Die letzte Zahl erklärt sich zwar durch die vielbesprochene Thatsache, dass die Bonner Grösse 9.5 auch viel schwächere Sterne umfasst, doch zeigt auch der Verlauf der anderen Zahlen, dass die Frage noch nicht endgiltig gelöst ist.

II. Die Theorie der veränderlichen Sterne. Die plausibelsten der aufgestellten Theorien sind

1) die von *Zöllner* (Phot. Unt. S. 252 fgde.) in den Grundzügen entworfene *Fleckentheorie*, welche durch *Bruns* (Bemerkungen über den Lichtwechsel der Sterne vom Algoltypus) ausgebildet worden ist. Das Resultat von Bruns ist, dass sich unendlich viele Fleckenvertheilungen angeben lassen, vermöge deren der rotirende Stern jeder beliebigen Lichtcurve Genüge leistet.

2) Die von *Pickering* (Dimensions of the fixed stars) für die Sterne vom Algoltypus vertretene *Trabantentheorie*, welche die Lichtabnahme durch Verfinsterung erklärt. Die mathematische Seite des Gegenstandes, insbesondere die Aufgabe, die Bahn des

Trabanten aus der Lichtcurve zu bestimmen, kann trotz mehrerer neueren Versuche nicht als erledigt betrachtet werden.

Von *praktischen* Arbeiten seien nur erwähnt: die *Schönfeld*'schen *Kataloge* und *Monographien*, die vielfachen Beobachtungen von *Pickering* in mehreren Bänden der Annalen des Harvard College, die umsichtigen Untersuchungen von *Safarik* (Ueber den Lichtwechsel einer Anzahl von Sternen, 1886, Böhm. Gesellschaft der Wissensch., Sitzungsberichte) und der ausführliche *Katalog* von *Chandler* (Astronomical Journal Nr. 179 u. 180), welcher für die Nomenclatur als Norm angesehen wird. Die Vierteljahrsschrift der astronom. Gesellschaft theilt jährlich Ephemeriden der veränderlichen Sterne mit.

Soweit die neuere Forschung.

§ 1137 bis 1141: **Lambert's Ansichten über das Fixsternsystem.** Dieser Abschnitt, obwohl nicht photometrisch, musste aufgenommen werden, weil man ihn häufig citirt findet. Uebrigens ist der Gegenstand weit ausführlicher erörtert in den *cosmologischen Briefen* Lambert's.

1137) Die *erste* Parallaxe, welche gefunden wurde, ist die von 61 Cygni $= 0''.31$ (Bessel 1838), die *grösste* Parallaxe, welche gefunden wurde, ist die von α Centauri $= 0''.92$ (Henderson und Maclear 1842 bis 1848). Diesen entsprechen in L.'s Ausdrucksweise 670 000 bezw. 220 000 Radien der Erdbahn. Man bemerke übrigens, dass L. unter *Parallaxe* das Doppelte dessen versteht, was man heute so nennt.

Der Versuch von *Huyghens* steht im *Cosmotheoros* (Buch 2, S. 136). Es wurde die Lichtstärke der Sonne mit der des Sirius verglichen, indem ein äusserst kleiner Theil der Sonnenoberfläche durch ein weit vom Auge in einem Schirm befindliches sehr kleines Loch betrachtet wurde.

1138) Die Schrift von *Cheseaux* heisst: Traité de la Comète qui a paru en 1743 et 1744. Lausanne et Genève 1744. Hier findet sich auch eine solche Abschätzung der Entfernung der Fixsterne erster Grösse, wie sie L. in § 1142 bis 1152 mittheilt.

Die Extinction des Fixsternlichts im Weltraum, welche mit den interessantesten Fragen der Stellarastronomie zusammenhängt, ist später mehrfach erörtert worden, z. B. von *Olbers* und *Steinheil*, am ausführlichsten wohl von *F. G. W. Struve* in den Études d'Astronomie stellaire, St. Pétersbourg 1847. Struve findet

$$\text{Lichtstärke} = 0.990651^{x},$$

wo x die Entfernung bedeutet, gemessen in Einheiten der Entfernung der Fixsterne erster Grösse. Als Factor kommt natürlich $1 : x^2$ hinzu.

1139) Mit dem unklar ausgesprochenen Schlusssatz soll gesagt sein, dass die kugelförmige Anordnung nur dann zugestanden werden kann, wenn die Dichtigkeit der Sterne eine sehr ungleichmässige ist.

1140) Die L.'sche Vorstellungsweise ist hier nicht weiter ausgeführt. Lambert unterscheidet: Systeme *erster* Ordnung, z. B. die Sonne und ihre Planeten, Systeme *zweiter* Ordnung, welche Glieder des Milchstrassensystems sind, Systeme *dritter* Ordnung, z. B. die Milchstrasse, Systeme *vierter* Ordnung u. s. w. Als ein muthmaassliches System dritter Ordnung, also der Milchstrasse coordinirt, sieht er den Orionnebel an. Für unser System zweiter Ordnung vermuthet er einen an Masse derart überwiegenden Körper, dass die Bewegungen sich in derselben Weise vereinfachen wie im Planetensystem der Sonne. Dieser Körper ist dunkel und es kann sich seine Existenz durch die Störungen verrathen, welche er auf die Bewegung der Planeten um die Sonne ausüben wird.

§ 1142 bis 1152: **Abschätzung der Entfernung der nächsten Fixsterne.**

1144) Da L. hier die Beleuchtungen durch den Fixstern und den Planeten einander gleichsetzt, so ist seine Untersuchung hier frei von den Folgen der in früheren Noten mehrfach betonten falschen Anschauung, welche die »mittleren Helligkeiten« als maassgebend ansieht. Die Ausdrücke »scheinbare Helligkeit und Grösse« beziehen sich hier auf das zerstreute Netzhautbild.

1145) Bei der *Entwickelung* der ersten Hauptgleichung, die man übrigens durch Gleichsetzung der früher abgeleiteten Beleuchtungsformeln direct hätte hinschreiben können, sind constante Factoren weggelassen, die sich aber in der resultirenden Gleichung wegheben.

1148) $1'' = 60''' = 60 \cdot 60''''$.

1152) Es hat also die auf sehr hypothetischen Voraussetzungen (Grösse = Sonne, Intensität = Sonne, $A = \frac{1}{4}$) beruhende Schätzung ein Resultat (Entfernung = 500 000, Parallaxe = $0''.4$) ergeben, welches mit den heute bekannten Parallaxenwerthen so gut stimmt, wie es von einer Schätzung zu erwarten ist.

Theil VII. Die Farben und der Schatten.
Kapitel 1. Die Farben.
Die Aufgabe der Farbenphotometrie besteht darin, anzugeben, nach welchen Gesetzen Lichtintensitäten verschiedener Farbe gegenseitig vergleichbar sind. Dieser ganze Zweig steht heute noch in den ersten Anfängen, da es sich doch zuerst um die Feststellung der Gesichtspunkte handeln muss, rücksichtlich deren man *verschiedene Qualitäten* vergleichen will. Erwähnt seien also nur kurz:

Fraunhofer's Intensitätscurve (Bestimmung des Brechungs- und Farbenzerstreuungs-Vermögens verschiedener Glasarten, Gesammelte Schriften, herausgegeben von Lommel, München 1888, S. 21), welche für die Ablenkungen durch ein Prisma als Abscissen den Leuchtwerth der einzelnen Farben als Ordinaten nachweist.

Purkinje's Phänomen (Zur Physiologie der Sinne, Bd. 2, 1825): Schätzt das Auge eine blaue und eine rothe Fläche gegenseitig gleich hell, so wird bei gleichmässiger äusserer Abschwächung das blaue Licht intensiver erscheinen, bei Verstärkung das rothe.

Helmholtz' Untersuchungen in der *zweiten* Auflage der physiologischen Optik über die Verallgemeinerung des Fechnerschen Gesetzes bei Rücksicht auf die Young-Helmholtz'sche Hypothese der Lichtempfindung und über die Consequenzen.

§ 1153 bis 1172: **Weggelassen.** Der Inhalt ist: So oft ein Lichtstrahl an der Trennungsfläche zweier Medien nach dem Einfallsloth hin gebrochen wird, würde aus *Newton's* Hypothese über das Wesen des Lichts für das zweite Medium eine grössere Fortpflanzungsgeschwindigkeit folgen. Hieraus ergibt sich mit Rücksicht auf die Verschiedenheit der Brechungsexponenten der verschiedenen Farben, dass im dichteren Mittel die Fortpflanzungsgeschwindigkeit der verschiedenen Farben eine verschiedene ist (§ 1157 bis 1159). Dagegen ist nach *Euler's* Hypothese für den vorigen Fall die Fortpflanzungsgeschwindigkeit im zweiten Mittel kleiner (§ 1060). Doch glaubt *Lambert*, dass die Verschiedenheit der Fortpflanzungsgeschwindigkeiten verschiedenfarbigen Lichts nicht bedeutend genug sei, um *hiermit* das Wesen der verschiedenen Farben begründen zu können.

§ 1173 bis 1181: **Versuche über die Albedo homogenen Lichts.**

1173) Dieser Versuch ist werthlos. Da die eine der zu vergleichenden Farben durch das Prisma, die andere direct gesehen wird, so wäre zuvor der photometrische Einfluss des Prismas zu erörtern. Es ist aber die dioptrische und die photometrische Theorie des Prismas erst von *Helmholtz* gegeben worden (Wiss. Abhandlungen, 2. Bd., S. 164 fgde.). Ueberdies complicirt sich die Sache hier dadurch, dass sich die verschiedenen prismatischen Bilder übereinander lagern. Von diesen Einwänden ist der folgende Versuch bei richtiger Anordnung frei.

1177) Nicht in J sondern in H sind die grünen Strahlen dichter als die anderen, da sich die Strahlen kreuzen. Aehnliches gilt für § 1179.

§ 1182 bis 1197: Weggelassen. § 1182 und 1183 zeigen, wie man auf Grund der zwei ersten Kapitel des zweiten Theiles den Versuch variiren kann; § 1185 bringt selbstverständliche Cautelen; Versuch § 1187 ist ähnlich dem Versuch § 1173, also zu ungenau. In Versuch 38 bis 40, § 1190 bis 1197 folgen drei Methoden, um Farbenmischungen herzustellen. Da der Farbstoff niemals genannt wird, so fehlt den Versuchen ein positives Interesse.

§ 1198 bis 1217: Mathematischer Ausdruck für die Albedo gemischten Lichts.

1199) Statt *Gattung der Strahlen* braucht L. hier und mehrfach den Ausdruck *vis*. Er scheint sich aber hierunter nicht die vis deflectens = Quadrat des Brechungsexponenten — 1 gedacht zu haben, was noch ziemlich präcis wäre, sondern jene für die verschiedenen Farben charakteristische vis, qua percutiuntur fibrillae.

1204) Da ein grosser Abschnitt des zweiten Theiles weggelassen ist, so muss bemerkt werden, dass dieses Citat auf Irrthum beruht.

1206) Natürlich meint L. nicht das Verhältniss, sondern das *umgekehrte* Verhältniss.

1207) Die falsche Nummerirung der Paragraphen musste der Citate wegen beibehalten werden.

1209) Die hier mitgetheilte Hauptformel hat freilich nur theoretischen Werth. Praktisch treten die Schwierigkeiten der Vergleichung verschiedenfarbigen Lichts doch wieder auf.

1217) In der *Pyrometrie* habe ich eine Stelle, welche sich auf die vorliegende beruft, nicht aufgefunden. Vielleicht ist der dritte Theil gemeint, welcher von der Mittheilung der Wärme handelt, und wo L. dem damals noch nicht aufgestellten Begriff der specifischen Wärme sehr nahe kommt.

Kapitel 2. Der Schatten.

§ 1218 bis 1219: **Weggelassen**. Inhaltlos.

§ 1220 bis 1222: **Definitionen**. Es ist jetzt die Formel Note 37) für die Beleuchtung eines Elementes df' durch ein scheinbares Element $d\varphi$ oder ein scheinbares Flächenstück φ, nämlich

$$dL' = J \cdot \cos i' \cdot d\varphi \quad \text{oder} \quad L' = \int J \cdot \cos i' \cdot d\varphi$$

dahin näher zu bestimmen, dass statt des Factors $\cos i'$ jedesmal dann der Factor 0 zu setzen ist, wenn $\cos i'$ negativ wird, und dass statt des Factors $d\varphi$ jedesmal dann der Factor 0 zu setzen ist, wenn die gerade Verbindungslinie von $d\varphi$ und df' einen undurchsichtigen Körper durchschneidet. Im ersten Fall sagt man: das Element df liege im *Schatten* schlechthin, im zweiten Fall: df' liege im *Schlagschatten*. Im letzteren Fall redet man von *Kern-* oder von *Halbschatten*, jenachdem die scheinbare Fläche φ ganz oder theilweise bedeckt ist. Dann ist L', im oben bezeichneten Sinne genommen, die *Beleuchtung* von df' im Halbschatten. Mit diesem letzten Satz sind alle einschlägigen Aufgaben implicite gelöst.

§ 1223 bis 1225: **Erstes Beispiel**.

1224) Die Rechnung ist unrichtig, da die mittlere Helligkeit aus der *ganzen* Himmelshalbkugel bestimmt ist, aber auf einen *Theil* derselben angewandt wird. Der Fehler würde sich nur dann wegheben, wenn das Himmelsgewölbe überall mit der gleichen Intensität leuchten würde, was nach L.'s eigenen früheren Rechnungen nicht der Fall ist. — Unter Helligkeit des Feldes ist die Intensität verstanden, mit welcher dasselbe selbstleuchtend geworden ist.

1225) In dem durch Worte ausgesprochenen Lehrsatz fehlt der Factor $\frac{1}{4}$.

§ 1226 bis 1230: **Zweites Beispiel, weggelassen**. Wie das vorige, doch *zwei* Mauern.

§ 1231 bis 1232: **Anknüpfung an § 913 bis 915**.

§ 1233 bis 1240: **Die Mondfinsterniss**.

1234) Man erhält die erste Gleichung, welche häufig auftritt, z. B. als Bedingungsgleichung bei der Vorausberechnung der Mondfinsternisse, viel einfacher, wenn man (am besten an einer viel einfacheren Figur) mit den *Halb*messern rechnet und statt des Punktes T, so oft er bei L. als Scheitel eines Winkels auftritt, das *Centrum* der Erde D setzt. Die Gleichung lautet:

Scheinbarer Halbmesser des = Scheinbarer Halbmesser der
   Halbschattens   Sonne,
                                      + Mondparallaxe,
                                      + Sonnenparallaxe.

Dazu kommt die zweite Gleichung:

Scheinbare Breite des = Scheinbarer Durchmesser der
   Halbschattens   Sonne.

1236) Denkt man sich eine Ebene, welche durch das Centrum des Mondes gehend auf der Richtung Sonne-Erde senkrecht steht, so berechnet L. die Lichtmenge, welche auf ein Element der Mondprojection in dieser Ebene auffällt, indem er stillschweigend annimmt, dass diese auch derjenigen Lichtmenge proportional sei, welche der Mond nach der Erde hin ausstrahlt. Wegen der kugelförmigen Gestalt des Mondes kommt aber für jedes Oberflächenelement der Incidenzwinkel, welcher hier gleich dem Emanationswinkel ist, nach Maassgabe der Function φ Note § 696 bis 702 in Frage. Demnach wäre *Lambert*'s Rechnung in Uebereinstimmung mit den Formeln (2b) und (2c) jener Note, aber gerade *nicht* mit der Formel (2a), welches die Lambertsche Formel ist. Es schwebt also von Lambert's eigenem Standpunkt aus von hier ab das Folgende in der Luft.

Die Aufgabe complicirt sich, wenn sich der Beobachter auf einem vierten Punkt, also ausserhalb des schattenwerfenden Körpers befindet. Dieser Fall tritt ein bei den Jupiterstrabanten. Da nämlich der gewöhnlich beobachtete Moment des Verschwindens des Trabanten im Schatten ein durch verschiedene Umstände unsicher gemachtes astronomisches Datum bezeichnet, so hat *Cornu* den Vorschlag gemacht, die Trabanten während der Dauer der Lichtabnahme möglichst oft photometrisch zu messen. Kennt man dann den *analytischen Ausdruck* für die Lichtstärke in jedem gegebenen Moment der Verfinsterung, so kann man umgekehrt genau den Zeitpunkt bestimmen, in welchem sich der Trabant in einem gewissen Stadium der Verfinsterung befand, beispielsweise den Augenblick, in welchem sein Mittelpunkt durch die Fläche des Tangentenkegels ging, welcher vom Centrum der Sonne aus an das Jupitersphäroid gelegt ist. Dieser analytische Ausdruck, neben den anderen erforderlichen Hilfsmitteln, ist abgeleitet in der Schrift: *Anding, Photometrische Untersuchungen über die Verfinsterungen der Jupiterstrabanten* und zwar unter Zugrundelegung des *Lambert*'schen photometrischen Gesetzes. Man vergleiche zur Erweiterung der vorliegenden Lambert'schen Aufgabe die Artikel 1, 3 und 4 dieser Schrift.

1239) Die Mondparallaxe ist nach Hansen: $57'\ 0''$.

1240) Die Tafel gibt nicht $A K v L$, sondern $1 - A K v L$.

§ 1241 bis 1243: Die Vergrösserung des Erdschattens bei Mondfinsternissen. Um dem von L. erwähnten Umstand rücksichtlich des Kernschattens Rechnung zu tragen, pflegt man bei der Berechnung der Mondfinsternisse für die Connaissance des Temps zum Erdhalbmesser den von *T. Mayer* herrührenden empirischen Factor $\frac{61}{60}$ hinzuzufügen. Man vergl. über den Gegenstand, der in neuerer Zeit viel besprochen worden ist, die beiden Schriften: *Brosinsky, Ueber die Vergrösserung des Erdschattens bei Mondfinsternissen*, Berlin, und *Hartmann, Die Vergrösserung des Erdschattens bei Mondfinsternissen*, Leipzig 1891.

Nr. 23. W. Hittor[f], [Untersuchungen über die Wanderungen der] Jonen während der Elektr[olyse. (1853—59.)] [Herausg.] von W. Ostw[ald.]

» 24. **Galileo Galilei**, Unterredungen u. mathematische Demonstrationen über zwei neue Wissenszweige etc. (1638.) 3. u. 4. Tag mit 90 Fig. im Text. Aus dem Italien. u. Latein. übers. u. herausg. von A. von Oettingen. (141 S.) ℳ 2.—.

» 25. —— —— (1638.) Anhang zum 3. u. 4. Tag, 5. u. 6. Tag, mit 23 Fig. im Text. Aus dem Italien. u. Latein. übers. u. herausg. von A. von Oettingen. Mit Inhaltsverzeichniss zum 3.—6. Tag. (66 S.) ℳ 1.20.

» 26. **Justus Liebig**, Abhandlung über die Constitution der organischen Säuren. (1838.) Herausg. von Herm. Kopp. (86 S.) ℳ 1.40.

» 27. **Robert Bunsen**, Untersuchungen über die Kakodylreihe. (1837—1843.) Herausg. von A. v. Baeyer. Mit 3 Fig. im Text. (148 S.) ℳ 1.80.

» 28. **L. Pasteur**, Über d. Asymmetrie bei natürlich vorkommenden organischen Verbindungen. (1860.) Übers. u. herausg. von M. u. A. Ladenburg. (36 S.) ℳ —.60.

» 29. **Ludwig Wilhelmy**, Üb. d. Gesetz, nach welchem die Einwirkung der Säuren auf den Rohrzucker stattfindet. (1850.) Herausg. von W. Ostwald. (47 S.) ℳ —.80.

» 30. **S. Cannizzaro**, Abriss e. Lehrganges der theoret. Chemie, vorgetr. an d. k. Universität Genua. (1858.) Übersetzt von Dr. Arthur Miolati aus Mantua. Herausg. von Lothar Meyer. (61 S.) ℳ 1.—.

» 31. **Lambert's** Photometrie. (Photometria sive de mensura et gradibus luminis, colorum et umbrae). (1760.) Deutsch herausgegeben von E. Anding. Erstes Heft: Theil I und II. Mit 35 Figuren im Text. (135 S.) ℳ 2.—.

» 32. —— —— Zweites Heft: Theil III, IV und V. Mit 32 Figuren im Text. (112 S.) ℳ 1.60.

» 33. —— —— Drittes Heft: Theil VI und VII. — Anmerkungen. Mit 8 Figuren im Text. (172 S.) ℳ 2.50.

» 34. **R. Bunsen u. H. E. Roscoe**, Photochemische Untersuchungen. (1855—1859.) Erste Hälfte. Herausgeg. von W. Ostwald. Mit 13 Fig. im Text. (96 S.) ℳ 1.50.

» 35. **Jacob Berzelius**, Versuch, d. bestimmten u. einfachen Verhältnisse aufzufinden, nach welchen die Bestandtheile d. unorg. Natur mit einander verbunden sind. (1811—1812.) Herausg. von W. Ostwald. (218 S.) ℳ 3.—.

» 36. **F. Neumann**, Üb. e. allg. Princip d. mathemat. Theorie inducirter elektr. Ströme. (1847.) Herausg. von C. Neumann. Mit 10 Fig. im Text. (96 S.) ℳ 1.50.

» 37. **S. Carnot**, Betrachtungen üb. die bewegende Kraft des Feuers etc. (1824.) Übersetzt u. herausg. von W. Ostwald. Mit 5 Fig. im Text. (72 S.) ℳ 1.20.

In Vorbereitung befinden sich:

Bunsen u. Roscoe, Photochemische Untersuchungen. Zweite Hälfte. Herausg. von W. Ostwald (Leipzig).

Kepler, Ausgewählte Arbeiten.

Lavoisier u. Laplace, Üb. d. Wärme. Herausg. v. J. Rosenthal (Erlangen).

Maxwell, Abhandlungen zur Theorie der Elektricität und des Magnetismus.

Mitscherlich, Abhandlung üb. d. Isomorphismus. Herausg. von G. Wiedemann (Leipzig).

Pasteur, Die in d. Atmosphäre vorhandenen organ. Körperchen, Prüfung d. Lehre von d. Urzeugung. Übers. u. herausg. v. A. Wieler (Leipzig).

Scheele, Abhandlung von d. Luft u. d. Feuer. Herausg. von J. Volhard. (Halle).

Wilhelm Engelmann.

www.ingramcontent.com/pod-product-compliance
Lightning Source LLC
Chambersburg PA
CBHW031449160426
43195CB00010BB/912